Lachezar Stanchev

Étude de la toxicité induite chez l'algue verte Chorella vulgaris

Lachezar Stanchev

Étude de la toxicité induite chez l'algue verte Chorella vulgaris

L'effet toxique de sept différents xéno-biotiques sur la photochimie et la production des ERO chez Chlorella vulgaris

Éditions universitaires européennes

Impressum / Mentions légales

Bibliografische Information der Deutschen Nationalbibliothek: Die Deutsche Nationalbibliothek verzeichnet diese Publikation in der Deutschen Nationalbibliografie; detaillierte bibliografische Daten sind im Internet über http://dnb.d-nb.de abrufbar.

Information bibliographique publiée par la Deutsche Nationalbibliothek: La Deutsche Nationalbibliothek inscrit cette publication à la Deutsche Nationalbibliografie; des données bibliographiques détaillées sont disponibles sur internet à l'adresse http://dnb.d-nb.de.

Coverbild / Photo de couverture: www.ingimage.com

Verlag / Editeur:
Éditions universitaires européennes
ist ein Imprint der / est une marque déposée de
OmniScriptum GmbH & Co. KG
Heinrich-Böcking-Str. 6-8, 66121 Saarbrücken, Deutschland / Allemagne
Email: info@editions-ue.com

Herstellung: siehe letzte Seite /
Impression: voir la dernière page
ISBN: 978-3-8416-6492-1

REMERCIEMENTS

En premier lieu, j'aimerais remercier le Docteur Radovan Popovic, professeur au Département de chimie, de m'avoir accueilli dans son laboratoire et m'avoir donné son soutien continu pour favoriser mon développement et ma formation scientifique.

Merci à mes parents de m'avoir soutenu tout au long de mes études et en particulier à ma mère de m'avoir inculqué, dès mon adolescence, des valeurs déterminantes quant à mes décisions et mes actes d'aujourd'hui.

Merci à toute l'équipe d'étudiants du laboratoire, car sans leurs idées et propos, mon travail aurait été long et laborieux. Donc, merci à François pour tous ses conseils et pour avoir été à l'écoute dès ma première journée jusqu'à la dernière. Merci aussi au Docteur Abdallah Oukarroum pour avoir partagé son expertise et ses connaissances sur la photosynthèse et la fluorescence; ce fut grandement apprécié. Merci aussi au Docteur David Dewez pour m'avoir guidé dans mes réflexions et donné une vision claire et définie de mes recherches, grâce à son érudition et ses connaissances interdisciplinaires. Merci au Docteur Laura Pirastru de m'avoir familiarisé avec les particularités des manipulations en laboratoires biochimiques, ce qui a beaucoup amélioré mes résultats et accéléré mes travaux. Merci à Luca, car sans les milieux cultures préparés par lui, mes expériences auraient été infaisables.

Je voudrais également faire part de mon appréciation pour l'aide dont les étudiants reçoivent au Département de chimie de l'UQAM. C'est ainsi que je remercie Denis pour son aide et son soutien en cytométrie en flux et la technicienne Charlotte pour ses judicieux conseils. Du côté de l'administration, je remercie Sonia et Odette.

À tous, je souhaite beaucoup de succès dans le grand voyage et les aventures de la science.

TABLE DES MATIÈRES

LISTE DES TABLEAUX

LISTE DES FIGURES

LISTE DES ABRÉVIATIONS

^{1}Chl*	Molécule de chlorophylle excitée
^{3}Chl*	Molécule de chlorophylle triplet
A_0	Accepteur initial du PSI (molécule de chlorophylle a du P700)
A_1	Phylloquinone
ABS	Absorbance
AR	Lumière actinique
ADN	Acide désoxyribonucléique
ARN	Acide ribonucléique
ATP	Adénosine triphosphate
BG-11	Milieux de culture de *Chlorella vulgaris*
CDO :	Complexe de dégagement d'oxygène
Chl	Molécule de chlorophyle
CR	Centre réactionnel
Cyt	Cytochrome
DAS	Échantillon adapté à l'obscurité (Dark adapted specimen)
DCF	2',7'dichlorofluorescéine
DFP	Densité du flux de protons
ERO	Espèce réactive de l'oxygène
FA, FB et FX	Complexe protéique fer-soufre

Fd	Ferrédoxine
Fdred	Ferrédoxine réductase
Fe-S	Protéine fer-soufre
Fm	Fluorescence maximale pour une plante adaptée à l'obscurité
F'm	Fluorescence maximale pour une plante adaptée à la lumière actinique
Fo	Fluorescence de base minimale pour une plante adaptée à l'obscurité
F'o	Fluorescence de base minimale pour une plante adaptée à la lumière actinique
Fs	Fluorescence variable au niveau stationnaire de transport des électrons
Fv	Fluorescence variable
FL1	Fluorescence en verte du markeur
G3P	Glycéraldéhyde 3-phosphate
GM	Gentamicine
GSH	Glutathion réduit
GSSG	Glutathion oxydé
Hv	Énergie lumineuse
kDa	Kilo Dalton
LAS	Échantillon adapté à la lumière
LF	Filtre optique
LHCI et LHCII	Complexes collecteurs de lumière (« Light Harvesting Complexes ») du PSI et du PSII

MR	Lumière modulée
MV	Méthyle viologène
NADPH	Nicotinamide adénine dinucléotide phosphate
O-J-I-P	Transitions de la cinétique de fluorescence
P680 et P700	Centre réactionnel du PSII et PSI
P430	Accepteur d'électrons primaire de PSI
PAM	Fluorimètre (« Pulse amplitude modulator »)
PC	Plastocyanine
Pheo	Molécule de Phéophytine
PGAL	Phosphoglycéraldéhyde
PEA	Fluorimètre (« Plant efficiency analyser »)
POR	Enzyme NADPH-Protochlorophyllide oxydoréductase
PQ	Plastoquinone
PQH2	Plastoquinone réduite
PSI et PSII	Photosystème I et II
Q	Coenzyme cytochrome oxydoréductase
Q_A	Quinone A (accepteur primaire d'électrons du PSII)
Q_B	Quinone B (accepteur secondaire d'électrons du PSII)
qEmax	« Quenching » dépendant du gradient de protons
qI	Composant du « quenching » non photochimique dépendant des photodommages au niveau du PSII
qN	« Quenching » non photochimique

qN(rel)	« Quenching » non photochimique relatif
qP	« Quenching » photochimique
qP(rel)	« Quenching » photochimique relatif
qPQ	« Quenching » dépendant du « pool » de plastoquinones
qT	Composant du « quenching » non photochimique dépendant des états de transitions
RubisCO	Ribulose 1,5-biphosphate-carboxylase / oxygénase
RuBP	Ribulose 1,5-biphosphate
SF	Filtre optique
SR	Lumière saturante
SZ	Sulfamétazine
TYR_Z	Tyrosine

RÉSUMÉ

Le but du présent travail est d'explorer la réponse du système photochimique de *Chlorella vulgaris* par rapport à la toxicité induite par différents xénobiotiques en utilisant la fluorescence chlorophyllienne comme indicateur des processus de transport d'électrons au sein du PSII et PSI. L'activité photosynthétique est perturbée par la présence de différents contaminants comme des herbicides et ions métalliques, qui favorisent la génération des espèces réactives d'oxygène. De cette manière, l'interprétation de ces paramètres se révèle cruciale pour l'évaluation des facteurs de pollution dans les écosystèmes. Dans le même aspect, l'accumulation des espèces réactives d'oxygène a été investiguée à l'aide des mesures cyto-fluorimétriques, ainsi que l'évolution de la granulosité et de la taille. De cette façon, l'évaluation du comportement photosynthétique des algues unicellulaires, et en particulier *Chlorella vulgaris* (l'une des algues les plus riches en Chlorophylle *a* connue), révèle la possibilité pour le développement de bio-indicateurs induits par la présence des xénobiotiques de différente nature dans les milieux aquatiques qu'elle occupe.

Mots clés :, *Chlorella vulgaris*, cytofluorimétrie, espèces réactives d'oxygène (ERO), fluorescence Chl *a,* fluorescence verte, granulosité, xéno-biotiques.

CHAPITRE I
INTRODUCTION GÉNÉRALE ET OBJECTIFS

Depuis les années 1970, la problématique de la pollution de l'environnement, causée par les activités humaines diverses, est devenue une priorité dans les travaux et les recherches scientifiques liés à la surveillance de l'environnement. La révolution technique de la deuxième moitié et la fin de XXe siècle a apporté un grand nombre d'avantages et de bénéfices à l'humanité, mais en même temps, ce développement extraordinaire dans tous les domaines industriels, respectivement scientifiques, a été inévitablement accompagné à la naissance d'un danger potentiel sur l'écosphère concernent toutes les espèces biologiques sur la planète (Gérin *et* coll., 2003). L'accumulation des polluants utilisés autant que dans l'industrie, que lors des activités domestiques, a conduit à une détérioration considérable de la qualité des écosystèmes, des eaux maritimes et des forêts, et à une diminution générale de la productivité agricole (Chapelka et Samuelson, 1998). Des centaines de tonnes de différents produits chimiques de nature organique ou inorganique utilisés chaque année dans les industries lourdes et pharmaceutiques s'accumulent comme déchets dans l'air, l'eau et le sol (Wahid, 2006).

D'un usage très répandu actuellement, le terme *pollution* recouvre une diversité d'actions qui d'une façon ou d'une autre dégradent le milieu naturel. Cela inclut les rejets dans l'environnement de substances polluantes toxiques que l'homme disperse dans l'écosphère (Vincent, 2006). En revanche, cette terminologie paraît moins évidente lorsqu'elle se rapporte à des substances peu dangereuses, voire inoffensives pour les êtres vivants, mais exerçant une influence perturbatrice sur les processus biologiques fondamentaux du seul fait de leur excessive concentration. Un des exemples les plus connus est celui des phosphates, indispensables pour les organismes autotrophes, mais qui, à fortes concentrations, peuvent induire l'eutrophisation.

Les activités diverses humaines sont à l'origine des principaux types de pollution. On distingue quatre sources principales : les processus de production de l'énergie, les industries liées aux technologies chimiques et métallurgiques, les activités agricoles et la pollution domestique. Le déversement dans le milieu aquatique de substances ou d'effluents contaminés n'est pas la seule cause de pollution des eaux. En effet, l'eau de pluie permet aux polluants rejetés dans l'atmosphère de retomber sur les sols et lessive les zones polluées (Ait Ali, 2008).

Les algues vertes unicellulaires autotrophes comme l'algue explorée dans l'étude présente (*Chlorella vulgaris*) sont caractérisées par leur réponse rapide aux stress oxydatifs causés par différents facteurs comme la température, les herbicides, les métaux lourds, les nanoparticules, etc. (Jian-Ming Lva et coll., 2010). Cette courte réponse de *Chlorella* en particulier concernant l'appareil photochimique, responsable de la photosynthèse, et la fluorescence est due au fait que *Chlorella* est connue comme l'une des algues exceptionnellement riches en chlorophylle (Algaebase, 2004). De cette façon, avec son comportement en présence de polluants de nature diverse, cette algue se révèle un excellent bio-indicateur de la toxicité des milieux qu'elle préoccupe.

Les objectifs de ce travail présent sont :

(1) D'explorer la réponse du système photochimique de *Chlorella vulgaris*, en particulier la fluorescence chlorophyllienne comme bio-marqueur susceptible aux changements dans les processus photochimiques au sein du PSII et PSI étroitement reliés à la photosynthèse et influencés par la présence de contaminants de différente nature comme les herbicides et ions métalliques.

3

(2) D'estimer la génération des espèces réactives d'oxygène et le
déclenchement du système anti-oxydatif algal comme réponse du stress anti-
oxydatif cellulaire causé par différents xéno-biotiques.

La mesure et l'analyse de la cinétique de la fluorescence permettent l'estimation de
plusieurs paramètres, eux-mêmes renseignant sur l'efficacité des processus
photochimiques et biochimiques de la photosynthèse. Donc, ces paramètres peuvent
être utilisés pour évaluer l'état physiologique des plantes quand elles sont exposées
aux xéno-biotiques (Gérin et coll., 2003). De cette manière, l'interprétation de ces
paramètres se révèle cruciale pour l'évaluation des facteurs de pollution dans les
écosystèmes. Dans cette étude, la fluorescence chlorophyllienne a été utilisée pour
étudier et interpréter les mécanismes de toxicité des xéno-biotiques sur l'activité
photosynthétique. Le changement des paramètres significatifs comme le rendement
quantique photochimique (*photochemical quenching*) lors d'exposition aux herbicides
(Atrazine et Méthyle viologène), aux métaux lourds (nitrate d'argent, sulfate de
cuivre et bichromate de potassium) et aux antibiotiques (sulfaméthazine et
gentamicine) a été évalué à titre de bio-marqueur sensible susceptible d'une réponse
relativement rapide et fiable aux perturbations physiologiques des cellules algales
causées par des xéno-biotiques. Dans le même aspect, l'accumulation des espèces
réactives d'oxygène a été investiguée à l'aide des mesures spectrofluorimétriques,
ainsi que l'évolution de la granulosité et la taille cellulaire dû au déclenchement de
processus de changements physiologique manifestés par une perturbation de la
viabilité cellulaire et probablement reliés à l'activation du système protéinique anti-
oxydatif cellulaire.

CHAPITRE II
LA PHOTOSYNTHÈSE ET LES PHOTOSYSTÈMES

2.1 Introduction

La photosynthèse a pour but de transformé l'énergie lumineuse provenant du soleil en énergie chimique sous forme de glucide. C'est le processus de base des cellules végétales. Les organismes qui utilisent le mécanisme de photosynthèse sont autotrophes, car ils fabriquent des matières organiques à partir de matières inorganiques (Ait Ali, 2008). À l'échelle planétaire, ce sont les algues et le phytoplancton marin qui produisent le plus d'oxygène, suivi des forêts. La photosynthèse est la principale voie de transformation du carbone minéral en carbone organique. Elle fournit quasiment la totalité de la matière organique et de l'énergie nécessaires à l'existence des écosystèmes de la planète (Gilbin, 2006). Les plantes terrestres, les algues ainsi que certaines bactéries se servent de la photosynthèse.

2.2 Mécanisme de la photosynthèse

Les végétaux sont autotrophes : ils synthétisent leur matière organique à partir de substances minérales qu'ils puisent dans le sol ou dans le milieu aquatique (eau et sels minéraux). L'énergie nécessaire pour réaliser cette synthèse est apportée par le soleil. Elle est captée par les pigments assimilateurs (chlorophylles) situés dans les chloro-plastes (Fig.2.1) des cellules végétales ou dans des régions spécialisées de la membrane cellulaire des cellules procaryotes (sans noyau) (Krause et Weis, 1991).

La formule générale de la photosynthèse est :

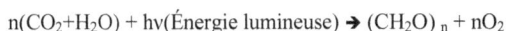

$$n(CO_2+H_2O) + hv(\text{Énergie lumineuse}) \rightarrow (CH_2O)_n + nO_2$$

Cette réaction globale est constituée de deux phases distinctes : la phase lumineuse concernant les réactions physicochimiques et la phase obscure qui contient les réactions biochimiques. Lors de la phase lumineuse, il se déroule les réactions photochimiques nécessaires à la formation de l'énergie chimique et du pouvoir réducteur cellulaire (ATP et NADPH) à partir de l'énergie lumineuse (Fig. 2.2). Durant la phase dite obscure, il se déroule les réactions biochimiques menant à la formation de glucides à partir du CO_2 fixé durant le cycle de Calvin.

Le thylakoïde [du grec thylakos, sac, et oides, semblable] (on peut aussi écrire : thylacoïde) est un ensemble de membranes présent chez les cyanobactéries et dans les chloroplastes où se déroule la phase photochimique (ou claire) de la photosynthèse. L'espace intérieur délimité par les membranes du thylakoïde s'appelle le lumen. L'espace extérieur est le cytoplasme chez les cyanobactéries, ou le stroma des chloroplastes chez les Eucaryotes photosynthétiques (www.wikipédia.org).

Les thylakoïdes sont constitués de vésicules aplaties et empilées formant des granas qui sont liés entre eux par des lamelles stomatiques. C'est dans les membranes des thylakoïdes que sont intégrés les cinq types de complexes protéiques impliqués dans la conversion de l'énergie lumineuse en énergie chimique via le transport des électrons.

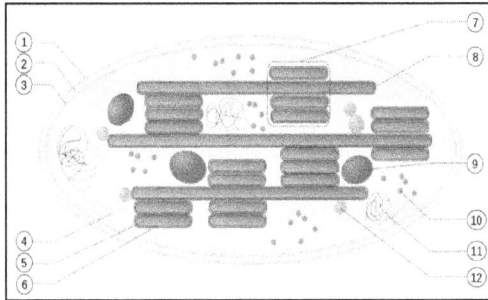

Figure 2.1 Chloroplaste d'une cellule végétale eucaryote (coupe transversale) ; tiré de Wikipédia.
(1) membrane externe, (2) espace intermembranaire, (3) membrane interne
(1+2+3: enveloppe), (4) stroma (fluide aqueux), (5) lumen du thylakoïde, (6)
membrane du thylakoïde, (7) granum (thylakoïdes accolés), (8) thylakoïde
inter-granaire (lamelle), (9) grain d'amidon, (10) ribosome, (11) ADN
plastidial, (12) plastoglobule (gouttelette lipidique).

Ces cinq complexes protéiques, considérés dans un plan fonctionnel sont :

(1) Les antennes collectrices de lumière (LHCI et LHCII).

(2) Les centres réactionnels, dont les chlorophylles spéciales P680 et P700 font partie.

(3) Le réseau de transporteurs (cytochromes et plastocyanines – une protéine soluble, qui n'est pas fortement attaché au PSII).

(4) Le système enzymatique ATP synthétase.

(5) Le complexe enzymatique du dégagement d'oxygène (CDO qui fait partie de PSII).

Les différents complexes protéiques de la membrane du thylakoïde sont organisés afin de permettre un fonctionnement efficace de l'appareil photosynthétique. En effet, les complexes pigments-protéines du PSII se situent principalement dans les régions granaires tandis que ceux du PSI, le complexe cytochrome b_6f et de l'ATP synthétase se retrouvent majoritairement dans les régions non empilées ou inter granaires (Benjamin Ray, 2006).

Une représentation schématique simplifiée impliquant les deux photosystèmes, ainsi que les phases claire et obscure (cycle de Calvin) du processus global de la photosynthèse est présentée sur la figure suivante.

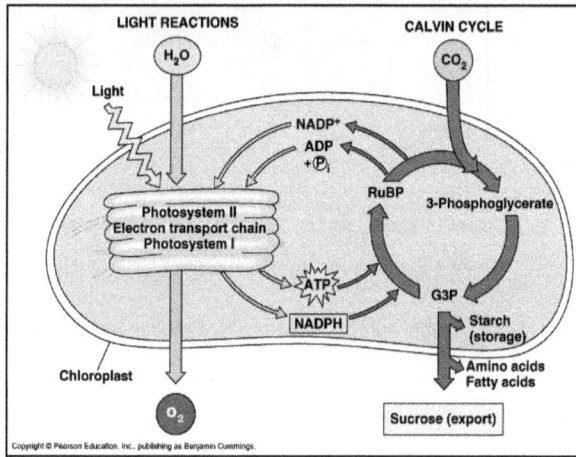

Figure 2.2 – Réaction photochimique (phase claire) et cycle de Calvin (phase obscure). Tiré de *Fonctionnement de la photosynthèse* par Benjamin Ray, 2006.

2.3 L'absorption de la lumière

L'étape de l'absorption de la lumière est l'étape initiale de la conversion de l'énergie lumineuse en énergie chimique. Cette étape est caractérisée par l'intervention des différents pigments comme les chlorophylles *a* et *b* et les β – carotènes disposés dans les membranes thylakoïdes. La structure schématique des chlorophylles *a* et *b* et lutéine est présenté sur la figure 2.3 suivante.

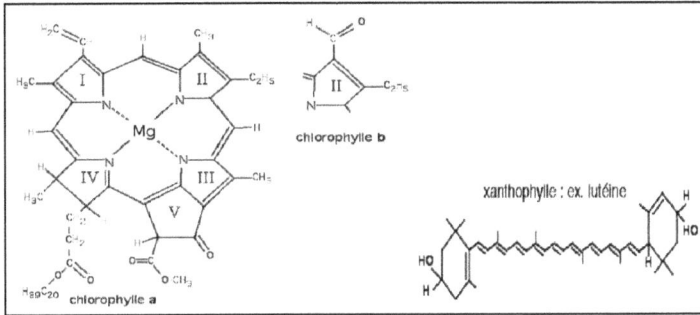

Figure 2.3 – Complexe pigmentaire. Chlorophylle *a, b* et lutéine.
Tiré de *La photosynthèse* de François Moreau, Roger Prat, 2009.

Lorsqu'un pigment photosynthétique absorbe un photon, il passe rapidement (10^{-15} s) de l'état stable à l'état excité (exciton). Il existe plusieurs états d'excitation : l'état singlet qui est de courte durée de vie et dont les rotations d'électrons sont antiparallèles, puis l'état triplet avec une plus longue durée de vie et dont le sens des électrons est parallèle. Par la suite, plusieurs options s'offrent à la molécule excitée afin de retrouver son niveau d'énergie basal. L'énergie peut être réémise sous plusieurs formes :

(1) L'émission d'énergie sous forme de chaleur (10^{-11} s).

(2) L'émission d'énergie sous forme de fluorescence (10^{-9} s).

(3) Le transfert d'énergie à une molécule adjacente (résonnance).

(4) La réaction photochimique primaire impliquant la perte d'un électron et une séparation de charges (10^{-12} s). (Buchanan et coll., 2001).

Il existe une interdépendance entre les différentes voies de dissipation de l'énergie des pigments photosynthétiques. Selon la cinétique, le processus dominant sera le plus rapide. Donc, s'il y a un accepteur d'électrons disponible pour la photochimie, ce qui dépend des états d'oxydoréduction des transporteurs d'électrons, ce mode de dissipation de l'énergie sera favorisé. Il est à noter que seules les molécules de chlorophylle se trouvant à l'état singlet participent aux réactions photochimiques puisque les molécules à l'état triplet prennent plus de temps pour revenir à l'état d'énergie initial (Laval-Martin et Mazliak, 1995). Les molécules de chlorophylle à l'état triplet ont donc recours aux autres méthodes de dissipation énergétique. Le spectre d'absorption des différents pigments est présenté sur la figure suivante.

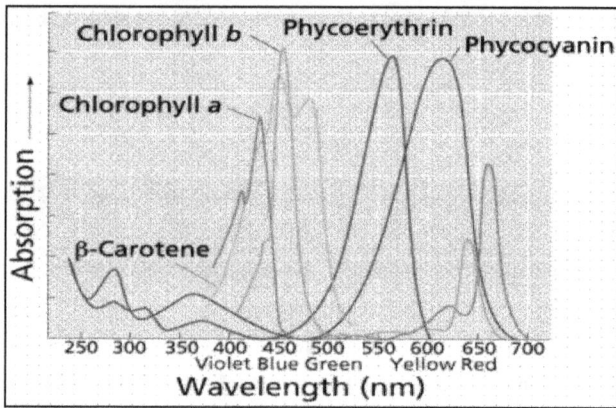

Figure 2.4 – Spectres d'absorption des pigments. Tiré de « www.whfreeman.com »

2.4 Séparation des charges ; schéma en Z

2.4.1 Séparation des charges positives et négatives

La chlorophylle peut adopter divers états d'excitation. En ordre d'énergie croissante par rapport à l'état fondamental, ces niveaux sont :

(1) Le premier état singlet excité.
(2) L'état triplet métastable.
(3) Le second état singlet excité.
(4) L'état triplet excité.

C'est seulement à partir du premier état singlet ou de l'état triplet métastable que le retour de l'électron à l'état fondamental peut fournir une énergie qui permet les réactions de la photochimique (Horton et coll., 1994). Ces réactions ne sont possibles que si la différence d'énergie momentanément stabilisée dure plus de 15.10^{-9} s.

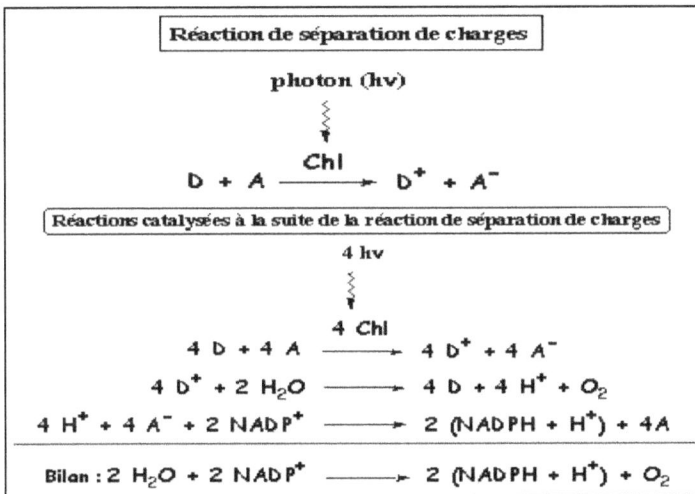

Figure 2.5 Réaction de séparation des charges. Adaptées de *Physiologie végétale* (1995) de Laval-Martin et Mazliak.

La séparation des charges positive et négative entre D+ et A- est stabilisée pour une durée de 10^{-10} s à 10^{-3} s Fig. 2.6a).

Si l'on considère la nomenclature précédente :

D - Chl - A

On a pour PSII : CDO – TyrZ - P680 – Pheo - plastoquinone Q_A

Et pour PSI : plastocyanine - P700 - protéines [Fe –S] A et [Fe -S] B

(1) Le complexe de dégagement de l'oxygène (CDO) contient 4 ions manganèse qui perdent successivement 4 électrons qui sont cédés à P680 (figure ci-contre). En conséquence, 4 charges positives s'accumulent. Tous les 4 photons, le CDO regagne 4 électrons à partir de 2 molécules d'eau. Une molécule d'oxygène est dégagée ainsi que 4 électrons qui compensent ceux perdus par P680. Le modèle cinétique du complexe CDO représente le mode d'alimentation de PSII avec des électrons. Il est constitué de quatre ions manganèse qui perdent successivement 4 électrons qui sont cédés à P680 lui-même excité par quatre photons successifs. En conséquence, on observe l'accumulation de quatre charges positives (Fig. 2.6). À tous les quatre photons perdus, le complexe CDO regagne quatre électrons à partir de deux molécules d'eau. Cela est présenté sur ce que suie :

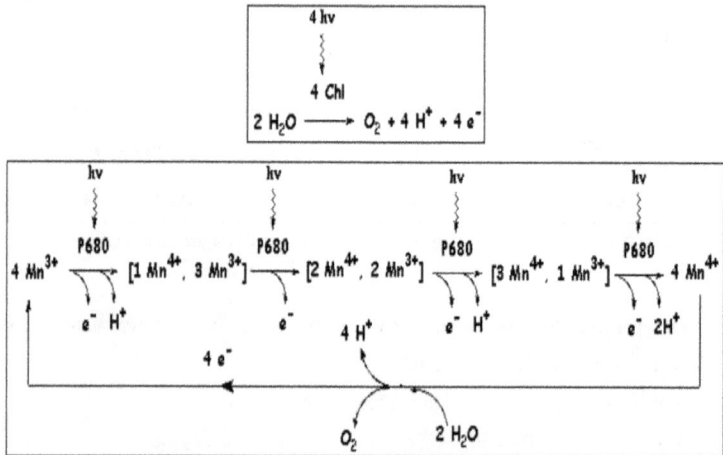

Figure 2.6 Mode d'alimentation de PS II avec des e⁻, par le complex CDO. Adaptées de *Physiologie végétale* (1995) de Laval-Martin et Mazliak.

(2) La plastoquinone Q_A – Après excitation par un photon, la chlorophylle *a* transmet immédiatement cette excitation à une phéophytine *a*. À la différence de la Chl *a* qui

contient un ion magnésium, la phéophytine *a* contient 2 protons. La phéophytine cède un électron à l'accepteur primaire, la plastoquinone Q_A (fortement attachée à un polypeptide) selon le mécanisme décrit dans la réaction suivante :

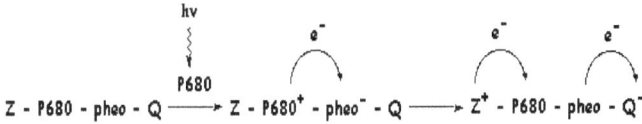

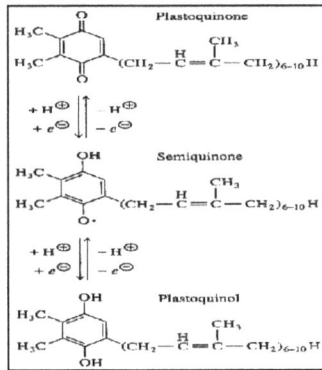

Figure 2.7 Schéma de la structure de la Plastoquinone, Sémiquinone et Plastoquinol. Adaptées de *Physiologie végétale*(1995) de Laval-Martin et Mazliak.

À son tour, Q_A cède ses électrons à un accepteur secondaire –la plastoquinone Q_B (Fig.2.7) attachée de façon réversible à PSII.

(3) Le donneur primaire d'électrons de PSI est la plastocyanine, protéine de 11kDa liée à la membrane et qui contient du cuivre. Elle reçoit les e⁻ d'un complexe cytochrome b/f lié à un quinol et qui contient un centre [Fe - S].

(4) L'accepteur primaire d'électrons de PSI représente un ensemble constitué d'une chlorophylle réduite et d'un composé X. Ce premier accepteur est suivi du P_{430}, constitué de 2 protéines correspondant aux centres fer-soufre [Fe-S] (Laval-Martin et Mazliak, 1995).

2.4.2 Schéma en Z

Le schéma en Z est une représentation schématique de la chaîne des transporteurs d'électrons associant les deux photosystèmes.

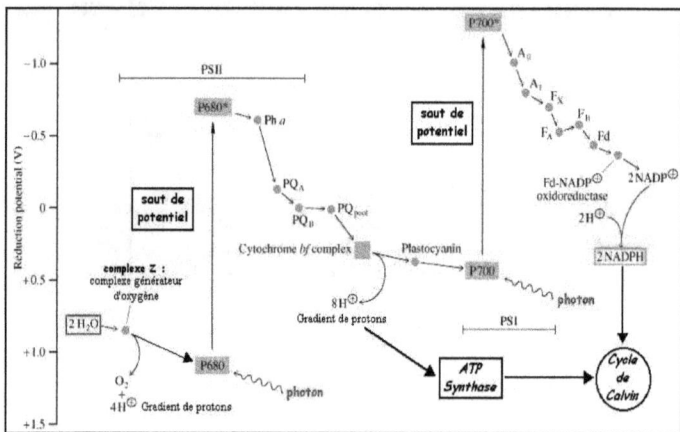

Figure 2.8 – Schéma thermodynamique en « Z ».
Tiré de *Principes de biochimie*, Horton et coll., 1994.

L'échelle des ordonnées correspond au potentiel redox des protéines A_0 et A_1; F_x, F_A et F_B sont des centres fer-soufre ; Fd – ferrédoxine ; pH – phéophytine ; PQ_A et PQ_B - plastoquinones ; PSI et PSII sont les photosystèmes I et II ; P680 et P700 sont les les chlorophylles spécialisées faisant partie des centres réactionnels du PSII, respectivement du PSI. Le schéma en Z (Fig. 2.8) est une représentation de ces transferts d'électrons, montrant en abscisse la succession des différents couples redox concernés (exemple : O_2/H_2O, P_{680}/P_{680}^+, $NADP^+/NADPH$, etc.) et en ordonnée, la valeur du potentiel d'oxydoréduction (E'_0).

Tableau 2.1 – Potentiel d'oxydoréduction des différents couples
redox engagés dans les processus photochimiques de PS II et PS I. Tiré de Roger Prat,
Biologie et multimédia, 2012, de l'Université Pierre et Marie Curie.

Couple redox	E'_o (V) – Potentiel d'oxydoréduction
O_2 / H_2O	+ 0,82
P_{680} / P_{680}^+	+ 0,9
P_{680}^* / P_{680}	- 0,8
Pheo (red/ox)	- 0,6
Q_A-Q_B(red/ox)	- 0,2
P_Q (red/ox)	0
b_6f (red/ox)	- 0,2 et + 0,2
P_{700} / P_{700}^+	+0,4
P_{700}^* / P_{700}	-1,3
A_o (red/ox)	-1,0
F_d (red/ox)	- 0,42
$NADP^+ / NADPH$	- 0,32

2.5 Bilan énergétique de la photosynthèse

Il faut six molécules de dioxyde de carbone et six molécules d'eau pour synthétiser une molécule de glucose, relâchant six molécules de dioxygène, grâce à l'énergie lumineuse.

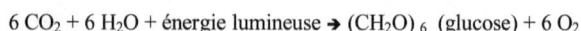

$$6 \ CO_2 + 6 \ H_2O + \text{énergie lumineuse} \rightarrow (CH_2O)_6 \ (\text{glucose}) + 6 \ O_2$$

Mais ce bilan est en fait décomposé en deux étapes successives :

(1) Les réactions photochimiques – photolyse de l'eau (phase claire) :
$$2H_2O + \text{lumière} \rightarrow O_2 + 4H^+ + 4e^-.$$

(2) Le cycle de Calvin (phase sombre):
$$6 \ CO_2 + 4H^+ + 4e- \rightarrow 6 \ (CH_2O) + 6 \ H_2O.$$

Si l'on considère ces deux réactions comme un couple redox capable d'interagir, on peut écrire :

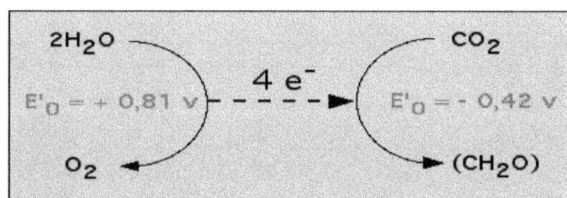

Réaction photosynthétique de la photolyse de l'eau. Adaptée de *Physiologie végétale* (1995), Laval-Martin et Mazliak.

Chaque couple étant caractérisé par son potentiel standard d'oxydoréduction (E'_0), on constate que le transfert des électrons ne peut se faire spontanément que dans le sens des potentiels croissants. Cette réaction est rendue possible grâce à l'énergie de la lumière. (Buchanan et coll. 2000).

2.5.1 La phase lumineuse de la photosynthèse :
les deux types de réactions photochimiques

On considère les photophosphorylations cycliques et acycliques, toutes les deux photo-dépendantes.

2.5.1.1 La photophosphorylation cyclique

C'est le trajet le plus simple pour l'électron excité :

- Il y a production d'ATP (Adénosine triphosphate : molécule hautement énergétique), mais pas d'O_2 ni de NADPH (Nicotinamide adénosine di-phosphate à pouvoir réducteur).
- Les électrons excités quittent la chlorophylle du centre réactionnel du PS I, passent par une courte chaîne de transport d'électrons et retournent au centre réactionnel.
- C'est une série d'oxydoréductions (redox) qui transporte l'électron d'une protéine à une autre.
- Ceci se fait dans la membrane interne des thylakoïdes (Horton et coll., 1994).

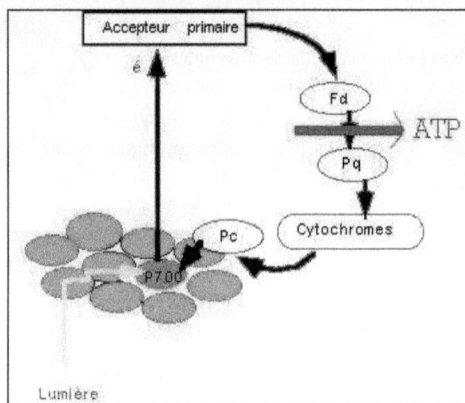

Figure 2.9 – Production d'ATP, phosphorylation cyclique impliquant PSI.
D'après *Photosynthesis*, 2007, d'Aurélien Carbonnière, Institut de recherche
pour le développement, ‹ http://www.com.univ-mrs.fr/IRD ›.

L'ATP est produite de façon indirecte par la force proton-motrice (création d'un
gradient électrochimique) due aux passages de protons de l'extérieur de la membrane
du thylakoide vers l'intérieur. Le gradient de proton et la différence de pH instaurée
au cours de ce transport non cyclique des électrons génèrent une force proton-motrice
qui permet à l'ATP synthétase de catalyser la synthèse d'ATP (Fig. 2.9).

Ce processus chez les plantes, n'a lieu qu'en présence d'une source de lumière. C'est
la raison pour laquelle, au cours de la photosynthèse, on l'appelle photophosphorylation.

2.5.1.2 La photophosphorylation acyclique

Cette réaction implique les deux photosystèmes (I et II) avec les centres réactionnels
(P700 et P680). L'énergie lumineuse provoque l'excitation et le départ d'un électron

d'une molécule de chlorophylle du photosystème II. Pour compenser cette perte, ce dernier récupère un électron à partir de la photolyse de la molécule d'eau :

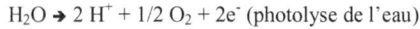

$$H_2O \rightarrow 2\ H^+ + 1/2\ O_2 + 2e^-\ \text{(photolyse de l'eau)}$$

Il y a production d'O_2, d'ATP (indirectement par la force proton-motrice) et le $NADP^+$ est réduit en NADPH et H^+. C'est donc l'eau qui est le donneur d'électron et le NADP+ qui est l'accepteur final ; l'O_2 libéré dans l'atmosphère est utilisé dans la respiration cellulaire (Buchanan et coll., 2000).

Les produits énergétiques de la phosphorylation acyclique sont utilisés lors du cycle de Calvin.

2.5.2 Phase obscure ; cycle de Calvin

Le cycle de Calvin utilise l'énergie chimique qui a été produite lors de la phase lumineuse de la photosynthèse (Campbell, 1995). Dans les phases lumineuses, l'énergie solaire est convertie en énergie chimique qui est entreposée dans les molécules d'ATP (produites par la force proton motrice et l'ATP synthétase) et les molécules de NADPH. Le cycle ce Calvin se fait dans le stroma des chloroplastes et il comporte les étapes suivantes :

(1) Chacun de trois CO_2 (3x 1C) se fixe à une molécule de Ribulose DiPhosphate (RuDP) (3x5C). Cela forme trois molécules à 6C qui sont instables et se font scinder en 6 molécules a 3C, le PGA.

(2) Les 6 molécules de PGA (6x 3C) se font réduire par 6 NADPH et 6ATP pour produire 6 PGAL (6 x 3C).

(3) Une de ces 6 molécules de PGAL (Phosphoglycéraldéhyde) va vers la synthèse du glucide. Les cinq autres molécules de PGAL (5x 3C) restent dans le cycle et se font convertir en trois molécules à cinq carbones (3x 5C) qui se font réduire par 3 ATP pour donner le RuBP, lequel est le réactif initial du cycle (Campbell, 1995).

S'il n'y avait pas d'accepteur d'électrons (NADP+) pour la phosphorylation acyclique, la plante ferait la phosphorylation cyclique ; elle produira donc seulement l'ATP.

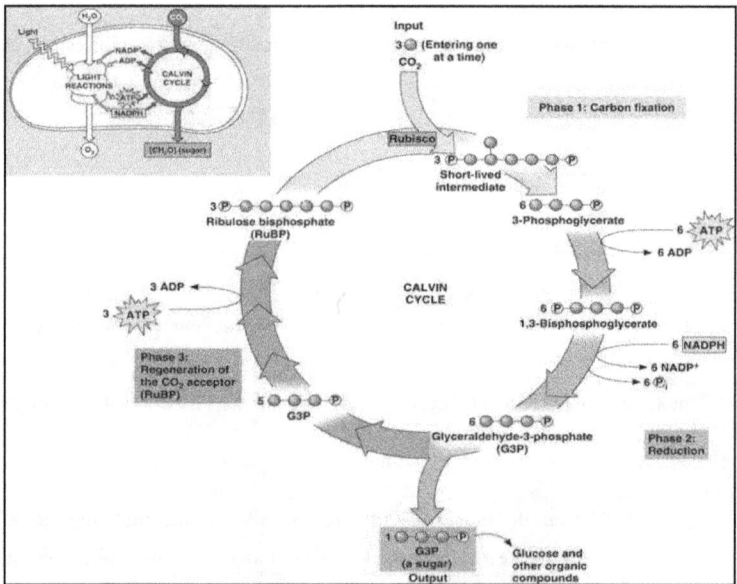

Figure 2.10 – Schéma de la fixation du CO_2 lors du cycle de Calvin-Benson. Tiré de *Biologie*, Campbell, 1995.

La réaction globale de l'incorporation d'une molécule de CO_2 est la suivante :

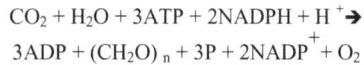

$$CO_2 + H_2O + 3ATP + 2NADPH + H^+ \rightarrow$$
$$3ADP + (CH_2O)_n + 3P + 2NADP^+ + O_2$$

2.6 Les photosystèmes

Un photosystème est un ensemble formé par des protéines et des pigments (dont la chlorophylle) et il se trouve dans les membranes thylakoïdales des cyanobactéries et dans les chloroplastes des cellules végétales. Les photosystèmes interviennent dans les mécanismes de la photosynthèse en absorbant les photons de la lumière.

Deux types de complexes protéines-pigments appelés respectivement photosystème I (ou PSI) et photosystème II ou (PSII) représentent les unités fonctionnelles au sein desquelles se déroulent les réactions photo-induites de la photosynthèse (Buchanan et coll., 2000). Les 2 photosystèmes sont enfouis sur toute l'épaisseur de la membrane thylakoïde, dans des régions différentes. Le PSI est situé dans les lamelles du stroma et est en contact avec le stroma du chloroplaste. Le PSII est situé dans les lamelles des granas. PSI et PSII sont en relation par l'intermédiaire de transporteurs d'électrons particuliers.

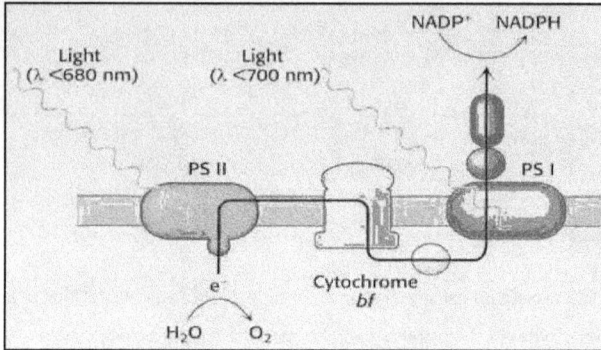

Figure 2.11 – Schéma simplifié de PS II et PS I. Tiré de Roger Prat,
Biologie et multimédia, 2012, de l'Université Pierre et Marie Curie.

Chaque photosystème comporte un lit de pigments (60 à 2 000 molécules selon l'organisme) appelé complexe d'antenne. Chaque photosystème contient un second complexe d'antenne volumineux qui sert de collecteur de lumière : le complexe photo collecteur couplé aux chlorophylles a/b ou complexe CPC, ou complexe d'antenne secondaire mobile (Campbell, 1995).

Le coeur du processus photochimique au sein de chaque photosystème est un complexe protéique appelé centre réactionnel qui contient 2 molécules de chlorophylle *a*, formant la paire spéciale. Ces 2 molécules de chlorophylle *a* se distinguent des autres molécules de chlorophylle, car elles sont le foyer vers lequel converge l'énergie d'un photon captée par le complexe antennaire. Le centre réactionnel d'un photosystème est désigné d'après la longueur d'onde du pic d'absorption de sa paire spéciale :

(1) Le centre réactionnel de PSI est appelé P700.

(2) Le centre réactionnel de PSII est appelé P680.

Les donneurs d'électrons sont respectivement la plastocyanine (PC) et le complexe Z (CDO-complexe du dégagement de l'oxygène) à 4 ions manganèse (Moreau et Prat, 2012). Les 2 photosystèmes fonctionnent en série : comme ils se situent dans des régions différentes de la membrane thylakoïde, ils sont en relation par l'intermédiaire de transporteurs d'électrons particuliers.

La membrane thylakoïde contient d'autres composants actifs de la photosynthèse. Le complexe qui produit l'oxygène (CDO) est associé à PSII sur la face luminale de la membrane thylakoïde, le complexe des cytochromes b_6f ; il est réparti dans les lamelles du stroma et les lamelles des granas, et l'ATP synthétase chloroplastique : uniquement dans les lamelles du stroma (Campbell, 1995).

2.6.1 Structure et fonctionnement du PSII

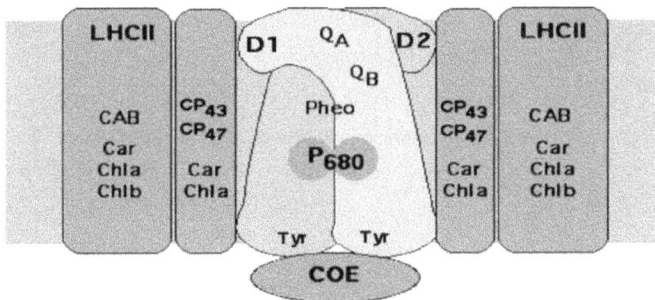

Figure 2.12 – Structure schématique de PS II. Tiré de Roger Prat,
Biologie et multimédia, 2012 de l'Université Pierre et Marie Curie.

Sur la figure 2.12 ci-contre est donnée la représentation schématique du photosystème II dans la membrane du thylakoïde :

• CAB : protéines de l'antenne périphérique (ou majeure) ; Car : carotène ; Chl a : chlorophylle a ; Chl b : chlorophylle b ; CP : protéines de l'antenne proximale ; D1-D2 : sous-unités du centre réactionnel ; LHCII : Light

Harvesting Complex II (antenne majeure) ; COE (En) : Oxygen Evolving Complex ou CDO (Complexe du dégagement d'oxygène) ; P680 : dimère de chlorophylle *a* (molécule piège du centre réactionnel) ; Pheo : phéophytine ; Q_A-Q_B : plastoquinones ; TYRz : tyrosine.

Dans l'antenne, il y a transfert d'énergie lumineuse (par résonnance) jusqu'au centre réactionnel vers la molécule de chlorophylle *a* (molécule piège) P_{680} :

(1) Le transfert d'énergie entre complexes pigmentaires se fait dans le sens des longueurs d'onde croissantes, donc d'énergie décroissante.

(2) En pratique, une excitation des chloroplastes par une radiation monochromatique à 680 nm revient à exciter quasiment exclusivement le PSII. Dans le centre réactionnel :

- Il y a excitation du P680 qui se désactive par voie photochimique en cédant un électron à la phéophytine. Il y a séparation des charges (P_{680}^+ - pheo⁻).

- L'électron cédé à la phéophytine est ensuite transféré via le centre Fe-S jusqu'aux quinones Q_A et Q_B qui stockent les électrons reçus un par un et les transfèrent par deux sur l'accepteur suivant présent dans la membrane à l'extérieur du PSII : la plastoquinone (cf réaction de transfert d'électrons). La chlorophylle (P_{680+}) récupère alors un électron provenant de l'oxydation de l'eau (le complexe COE).

Fonctionnement simplifié du PSII

La chlorophylle du centre réactionnel (P680) est excitée par un photon (P680*). Elle donne un électron à un accepteur d'électrons (Qox) qui devient réduit (Qred) et qui transmettra ces électrons le long d'une chaîne de transporteurs jusqu'à un accepteur final (Moreau et Prat, 2012). Il manque alors un électron à la chlorophylle (P680$^+$) ; celle-ci est régénérée (P680) en recevant un électron d'un donneur d'électron (H$_2$0) qui devient oxydé (O$_2$). Sur les figures plus basses sont présenté les schémas simplifiés de la structure et le mode de fonctionnement de PS II.

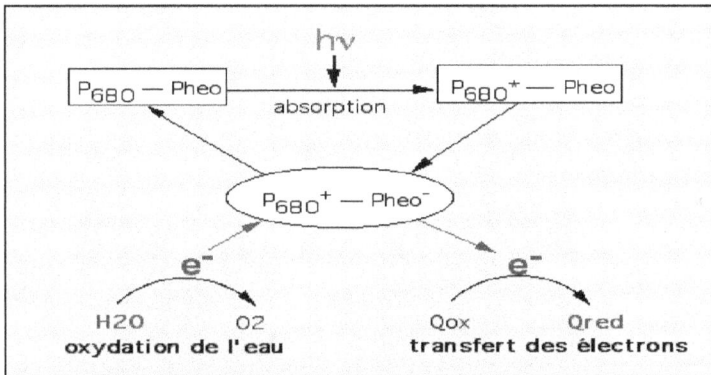

Figure 2.13 – Schéma simplifié de fonctionnement de PS II. Tiré de Roger Prat, *Biologie et multimédia*, 2012, de l'Université Pierre et Marie Curie.

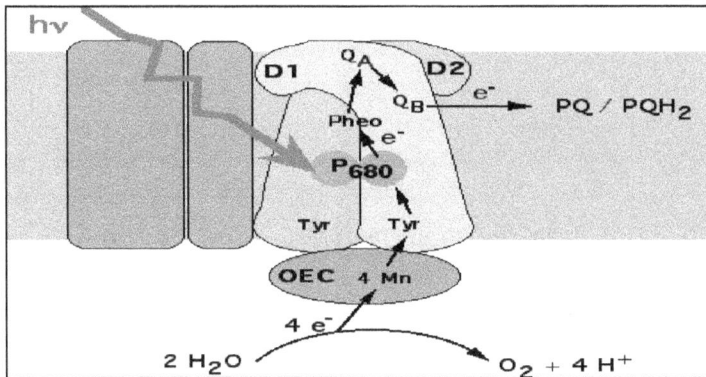

Figure 2.13 –Fonctionnement du PSII en place dans la membrane du thylakoïde. Tiré de Roger Prat, *Biologie et multimédia*, 2012, de l'Université Pierre et Marie Curie.

D1-D2 : sous-unités du centre réactionnel ; OEC : Oxygen Evolving Complex, P680 : dimère de la chlorophylle a (molécule piège du centre réactionnel) ; Pheo : phéophytine ; PQ/PQH$_2$: plastoquinones, Q$_A$-Q$_B$: plastoquinones ; Tyr : tyrosine.

2.6.2 Structure et fonctionnement du PSI

Sur la figure suivante est présentée la structure de PS I :

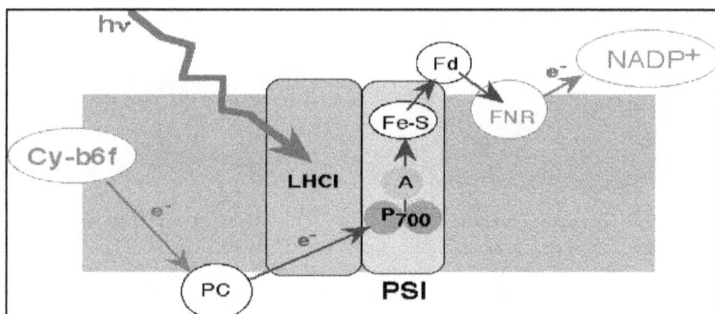

Figure 2.14 – Structure de PSI. Tiré de Roger Prat, *Biologie et multimédia*, 2012, de l'Université Pierre et Marie Curie.

Le PSI est constitué d'une antenne collectrice de lumière (LHCI, pour *Light harvesting complex I*) et d'un centre réactionnel. L'antenne renferme des molécules de chlorophylles a, de chlorophylles b et des caroténoïdes. Le centre réactionnel contient un dimère de chlorophylles a piège (P700), une molécule (A) spécialisée dans la capture de l'électron du P700 ainsi que différents centres fer-soufre qui jouent le rôle de transporteurs d'électrons jusqu'à l'accepteur final du PSI constitué par la ferrédoxine (Fd). Après absorption de photons par l'antenne, le transfert de l'énergie et l'excitation de la molécule de P700, le P700 se désactive par voie photochimique en cédant un électron à la molécule A située dans son environnement immédiat. La molécule de P700 oxydée est alors régénérée grâce à la plastocyanine réduite, qui constitue le donneur primaire du PSI (Moreau et Prat, 2012). Ce processus peut être schématisé comme suit :

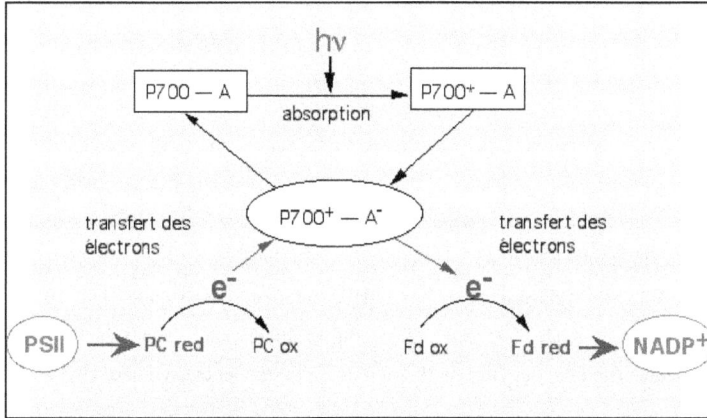

Figure 2.15 – La séparation de charges au niveau du centre réactionnel du PSI. Tiré de Roger Prat, *Biologie et multimédia*, 2012, de l'Université Pierre et Marie Curie.

Le donneur d'électrons est la plastocyanine. L'accepteur primaire d'électrons du photosystème est la ferrédoxine qui transmet les électrons, via la ferrédoxine réductase (Fdred) au $NADP^+$ (nicotinamide adénine di-nucléotide phosphate-oxidase).

La plastocyanine (donneur d'électrons du PSI) est un transporteur mobile qui reçoit ses électrons du complexe cytochrome b_6f. Il faut noter que le complexe b_6f reçoit lui-même les électrons soit du PSII (transport acyclique d'électrons) soit du PSI lui-même (transport cyclique d'électrons) (Campbell, 1995).

CHAPITRE III

LA FLUORESCENCE CHLOROPHYLLIENNE

3.1 Introduction

La lumière absorbée par l'appareil photosynthétique n'est pas totalement transformée
en énergie chimique. Une partie est perdue sous forme de chaleur et de fluorescence.
À température ambiante, l'émission de fluorescence chlorophyllienne provient
essentiellement de l'antenne collectrice du photosystème II (PSII) ; on montre, dans
la plupart des situations, que l'émission de la fluorescence par le photosystème I (PSI)
est faible comparativement au PSII et ne représente au plus que 10 à 20 % de
l'émission totale. De plus, l'émission de fluorescence venant du PSII est variable
tandis que celle qui vient du PSI ne l'est pas (Strasser et Govindje, 1991).

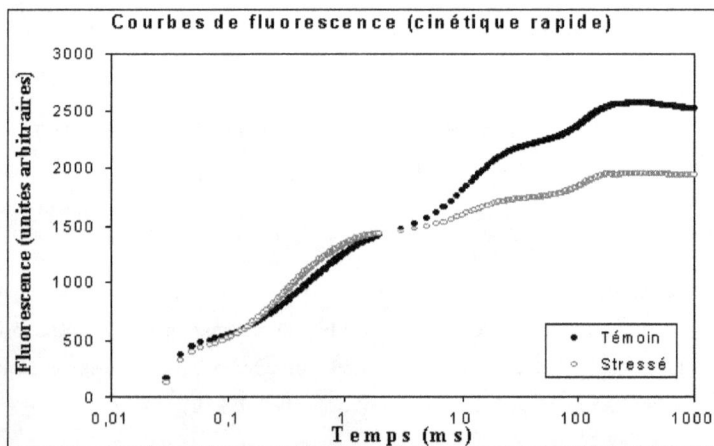

Figure 3.1 – Fluorescence d'une plante saine et d'une plante stressée. Tirée de fluorimetrie.com -
SADEF

Ce sont les électrons des doubles liaisons conjuguées (électrons délocalisés) du noyau tétra-pyrrolique qui sont excités par la lumière. À l'obscurité, les électrons sont dans un état non excité (dit fondamental). Ils sont associés par paires, à l'état singulet (spins antiparallèles) et sur une orbitale de faible énergie. Il existe 2 états excités principaux de la molécule de chlorophylle, correspondant à des transitions électroniques provoquées par l'absorption d'un photon qui fait passer un électron de l'état fondamental soit à l'état excité supérieur (Sa), soit à l'état inférieur (Sb) selon l'énergie du photon (Prat, 2012).

- Sa correspond à l'absorption de photons « bleus ».
- Sb correspond à l'absorption de photons « rouges ».

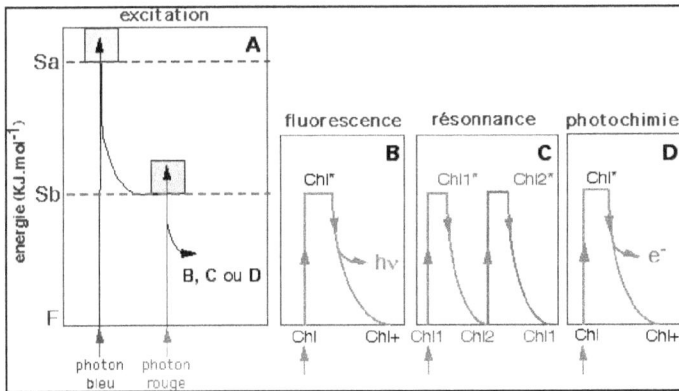

Figure 3.2 – Schéma simplifié de l'excitation (états Sa et Sb) et du retour à l'état fondamental (F) d'une molécule de chlorophylle par fluorescence, résonnance ou photochimie. Tiré de Roger Prat, *Biologie et multimédia* (2012) de l'Université Pierre et Marie Curie.

3.2 La cinétique de la fluorescence chlorophyllienne

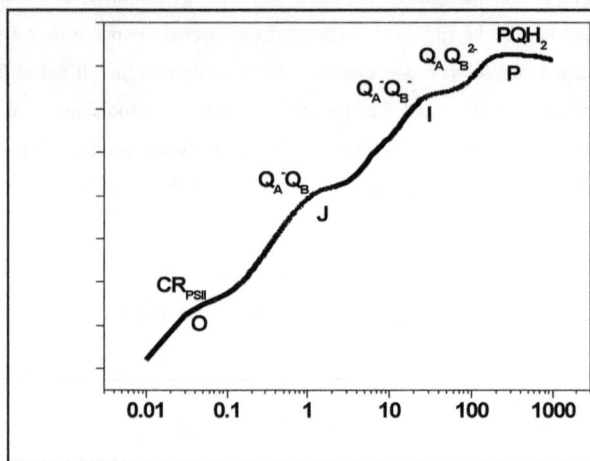

Figure 3.3 – États d'oxydo-réduction du PSII lors de l'émission de la fluorescence chlorophyllienne mesurée pour des chloroplastes isolés. Tiré de Strasser et Govindjee, 1991.

La variation de l'émission de fluorescence passe par un maximum Fp (p pour pic). Les suspensions de chloroplastes sont éclairées au temps 0 par de la lumière bleue et l'émission de la fluorescence chlorophyllienne est mesurée vers 680 nm. L'émission de fluorescence qui se produit dès les premières microsecondes d'éclairage est appelée Fo (F zéro) (Krause et Weis, 1984). Le niveau Fo est la fluorescence mesurée lorsque tous les centres réactionnels sont ouverts. Fo représente l'émission par les Chl *a* des antennes collectrices avant que l'excitation n'ait atteint les centres réactionnels.

(1) Fo dépend de la densité de l'excitation dans les pigments du PSII (concentration de chlorophylles et éclairement absorbé) ; il dépend donc aussi de la distribution de l'énergie absorbée entre le PSI et le PSII.

(2) Fo est sensible à tous les facteurs qui peuvent affecter la structure des antennes et modifier ainsi la distance entre les molécules de chlorophylle assurant le transfert de l'excitation.

(3) Fp, la montée de l'émission de fluorescence, reflète la réduction de Q_A (fermeture de centres PSII entraînant l'augmentation de l'émission de fluorescence). La baisse après le niveau Fp est due à la mise en route de la chaîne de transfert vers le PSI et à la mise en route de l'assimilation de dioxyde de carbone. Ces deux processus utilisent des électrons et par conséquent causent l'oxydation de Q_A (ré-ouverture des centres PSII). Elle peut être due aussi à l'augmentation de la proportion d'énergie d'excitation perdue par émission de chaleur (voir *quenching non photochimique*, plus bas).

(4) Fs reflète un état d'équilibre entre l'excitation des centres et leurs voies de désactivation qui incluent la fixation photosynthétique de CO_2 et de O_2, la réaction de Mehler, la réduction du nitrate.

La fermeture des centres réactionnels où Q_A est réduite, entraîne une augmentation de l'émission de la fluorescence chlorophyllienne dans les antennes collectrices (Strasser et Govindjee, 1991).

L'excitation provoquée par les photons dans les antennes est transmise avec une grande efficacité de chlorophylles en chlorophylles, par résonance, jusqu'au centre réactionnel. On estime que le transfert de l'excitation d'une molécule de chlorophylle excitée à une autre molécule de chlorophylle se fait en 10^{-11} s. L'excitation qui n'est pas transmise est émise sous forme de chaleur et de fluorescence. Ces deux processus sont plus lents et réalisés en 10^{-9} s environ (Foske et coll., 2000). La probabilité d'un transfert de l'excitation est donc beaucoup plus grande que celle d'une dissipation sous forme de chaleur ou de fluorescence. Le transfert de l'excitation est favorisé par la proximité (la concentration) des chlorophylles dans les antennes (Cornic et Massacci, 1996). L'émission de fluorescence témoigne de pertes d'énergie lors du transfert de l'excitation vers les centres réactionnels.

3.3 Rendement de l'émission de la fluorescence chlorophyllienne; le quenching photochimique

L'émission de fluorescence par le PSII, F, est proportionnelle à l'énergie lumineuse qu'il absorbe, I. On peut écrire :

$$F = aI \ (1)$$

La mesure de l'émission de fluorescence par les feuilles est donc un paramètre difficile à utiliser lorsque l'on s'intéresse à la réponse des plantes à l'environnement naturel. En effet l'éclairement varie énormément, provoquant de grandes variations de F qui peuvent rendre difficile l'interprétation de l'information portée par l'émission de fluorescence.

Si l'on considère l'émission de fluorescence lorsque tous les centres réactionnels du PSII sont ouverts, l'on a :

$$Fo = aI \ (2)$$
$$où :$$
$$Fo/I = \varphi_{Fo} = = kf/(kf+kd+kp) \ (3),$$

c'est-à-dire le rendement, l'émission de la fluorescence Fo φ_{Fo}, et où kf, kd et kp sont respectivement les constantes de vitesse pour l'émission de fluorescence, la dissipation thermique et la photochimie. kf/(kf+kd+kp) représente donc la probabilité pour qu'un photon absorbé par la chlorophylle *a* soit réémis sous forme de fluorescence.

On considère le rendement de la fluorescence pour normaliser l'émission mesurée (gommer l'effet des variations de l'éclairement) :

- Lorsque tous les centres réactionnels de PSII sont fermés (pendant une augmentation brutale et transitoire de l'éclairement, ou en présence de DCMU), on a :

$$Fm/I = \varphi_{Fm} = kf/(kf + kd) \ (4).$$

La constante de vitesse kp n'apparaît pas dans ce cas, parce qu'en présence de DCMU, il n'y a plus de possibilité de désactivation via la photochimie.

(4) Estimation du rendement quantique de la photochimie des centres réactionnels du PSII ouverts à partir des données de fluorescence. On montre (en remplaçant φ_{Fm} et φ_{Fo} par leur valeur donnée ci-dessus) que le rapport $(\varphi_{Fm} - \varphi_{Fo})/\varphi_{Fm}$ (qui est égal à $\varphi_{FV}/\varphi_{Fm}$, où $\varphi_{Fm} = \varphi_{Fm} - \varphi_{Fo}$, et qui est communément appelé le rapport Fv/Fm), peut s'écrire : $(\varphi_{Fm} - \varphi_{Fo})/\varphi_{Fm} = kp/(kp + kd + kf)$.

On voit qu'il correspond au rendement quantique de la photochimie du PSII (écrit Φ_{PSII}) : c'est la probabilité pour qu'une excitation induite par un photon se désactive via la photochimie (Roger Prat, 2012).

Chez des plantes bien adaptées à l'obscurité (DAS) (dont tous les centres sont ouverts), lorsque l'on utilise les appareils couramment vendus dans le commerce, la valeur de Φ_{PSII} est évalué entre 0,8 et 0,834 (Bjorkman et Demmings, 1987). À l'obscurité, Fv/Fm représente le rendement quantique maximum de la photochimie du PSII.

CHAPITRE IV

STRESS OXYDATIF ET SOURCES D'ESPÈCES
RÉACTIVES D'OXYGÈNE CHEZ LES ALGUES

4.1 Introduction

Parmi les organismes aquatiques, les algues unicellulaires sont fréquemment trouvées dans un environnement d'eau douce et sont d'une importance vitale dans la production primaire. En raison de leur structure unicellulaire et leur bref temps de génération, les micro-algues répondent rapidement aux changements de l'environnement et sont considérées comme des indicateurs très sensibles des divers produits toxiques naturels. La réponse de micro-algues à un produit toxique est généralement mesurée à l'aide de paramètres cellulaires physiologiques comme la chlorophylle, la fluorescence et la biomasse (Charpie et Blanchot, 2008).

Un certain nombre de différentes espèces réactives d'oxygène (ERO), y compris l'anion superoxyde (O_2^{-}), peroxyde d'hydrogène (H_2O_2), d'oxygène singlet ($^1O_2$-chaîne) et le radical hydroxyle (OH^{-}), se produisent transitoirement dans les organismes aérobies. Ces espèces sont normalement des sous-produits de métabolisme oxydatif et constituent une menace constante pour tous les organismes aérobies (Marshall, J.A et coll., 2010). Bien que certains d'entre eux peuvent fonctionner en tant que signalisation importante des molécules plutôt que modifier l'expression des gènes et moduler l'activité spécifique de défense de la protéine, toutes les ERO à fortes concentrations peuvent être extrêmement préjudiciables aux organismes (Vranovà, 2002).

Les ERO peuvent oxyder les protéines, lipides et acides nucléiques, menant souvent à un dysfonctionnement des organites, à des modifications de la structure cellulaire et à la mutagenèse. Les espèces réactives d'oxygène sont constituées d'un radical libre que contient un électron libre capable d'existence indépendante. La production d'espèces réactives d'oxygène est largement répandue dans les organismes vivants. Les plantes produisent souvent des ERO comme un super oxyde résultant de la photosynthèse à travers le cycle du NADPH – réaction de Mehler (Amane et coll., 2002)

Le changement d'états d'oxydation de l'oxygène se produit selon deux mécanismes : premièrement par l'absorption d'énergie menant à l'état singlet en changeant le spin d'un électron libre, et deuxièmement lors de la réduction monovalente menant à la formation d'une molécule d'eau. En effet, en raison du flux intense d'électron dans l'oxygène et un micro-environnement d'ion métallique élevé, les mitochondries et les chloroplastes d'organismes photosynthétiques sont les compartiments des cellules extrêmement susceptibles à la blessure oxydative (Halliwell et Gutteridge, 1999). En même temps, les plantes et les algues possèdent de très efficaces enzymatiques et non enzymatiques antioxydants systèmes de défense qui permettent le balayage des ERO et la protection des cellules végétales contre des dommages oxydatifs. Les propriétés biochimiques et la localisation d'altérations distinctes des enzymes antioxydants, leur indicibilité différentielle au niveau enzymatique et génétique, rendent le système antioxydant une unité très versatile et souple qui peut contrôler l'accumulation des ERO. La figure ci-dessous présente schématiquement les étapes de la réduction de l'oxygène :

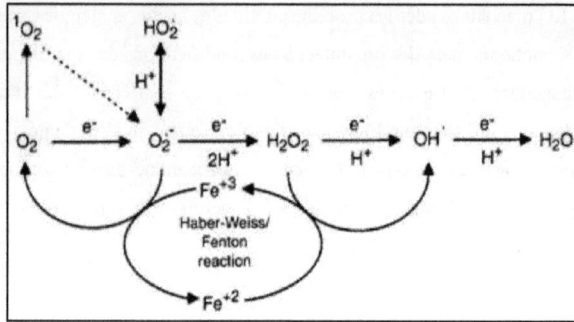

Figure 4.1 – Inter conversion des espèces réactives d'oxygène (ERO) provenant d'O_2. Tiré d'Eva Vranova, 2002.

L'oxygène (O_2) peut être activé par un excès d'énergie et en inversant le spin de l'un des électrons non couplés pour former l'oxygène singlet ($^1O_2$). Alternativement, un réduction des électrons entraîne la formation de super-oxyde radical (O_2^{-}). O_2^{-} existe en équilibre avec son conjugué acide, hydro per radicale ($H_2O_2^{-}$). Au départ, la réaction en chaîne aura besoin d'entrer de l'énergie, tandis que les mesures sont exo-thermiques et peuvent se produire spontanément, catalysées ou non. L'acceptation d'énergie excédentaire par O_2 peut conduire à la formation d'oxygène singulier ($^1O_2$), une molécule très réactive. $^1O_2$ peut demeurer sous cette forme pour près de 4µs dans l'eau et 100 µs dans un environnement non polaire (Foyer et Harbinson, 1994). Il est susceptible de transférer son excitation à d'autres molécules biologiques ou de réagir avec elles en formant des endo-peroxydes ou hydro-peroxydes (Vranova et coll., 2002).

Les réductions postsecondaires peuvent former du peroxyde d'hydrogène (H_2O_2), un radical hydroxyle (OH) et de l'eau (H_2O). Les ions métalliques, qui sont surtout présents dans les cellules sous la forme oxydée (Fe^{3+}), sont réduits à la présence de O^{2-} et, par conséquent, peuvent catalyser la conversion de H_2O_2 à OH par la réaction Haber-Weiss. Dans les algues unicellulaires, la plupart des compartiments ont le potentiel de devenir une source d'ERO. Des facteurs de stress environnemental, comme, la sécheresse, l'ozone et les haute ou basse températures, empêchent la régénération de $NADP^+$, limitent la fixation de CO_2 (par le cycle de Calvin) et par conséquent, la chaîne photosynthétique de transport d'électrons est réduite ou saturée.

$O_2^{\cdot-}$ est un ERO d'activité modérée, de courte durée d'environ 2-4 µs. En effet, l'$O_2^{\cdot-}$ super-oxyde ne peut pas traverser les membranes cellulaires et il est facilement dis-muté en H_2O_2. Alternativement, $O_2^{\cdot-}$ réduit les quinones et les complexes de métaux à transition de Fe^{3+} et Cu^{2+}, affectant ainsi l'activité des enzymes métal-contenant. Les radicaux hydro-péroxyles $OH_2^{\cdot}$ qui sont formés à partir de $O_2^{\cdot-}$ par protonation en solution aqueuse peuvent traverser les membranes biologiques et soustraire l'hydro-gène, des atomes d'acides gras polyinsaturés et lipides hydro-peroxydes, engageant ainsi l'auto-oxydation lipidique (Halliwell et Gutteridge, 1999). H_2O_2 est modé-rément réactif et a une vie relativement longue (demi-vie de 1 ms). Sa molécule pourrait diffuser à certaines distances de son site de production. H_2O_2 peut inactiver les enzymes par oxydation de leurs groupes thiols. Par exemple, les enzymes du cycle de Calvin, comme la cuivre-zinc dismutase, super-oxyde dismutase et fer sont inactivés par H_2O_2 (Barosa et coll., 2005). Ces ERO comprennent un superoxyde radical (le peroxyde d'hydrogène) et un radical (hydroxyle) qui sont produits comme les produits au cours du transfert membranaire d'électrons, ainsi que par un certain nombre de voies métaboliques. Le stress oxydatif incite de nombreux types d'effets négatifs comme la peroxydation membranaire, la perte des ions, le clivage des protéines et la mutagenèse de l'ADN (Liu et Pang, 2010). Sur la figure suivante est présenté le mécanisme d'endommagement de l'ADN :

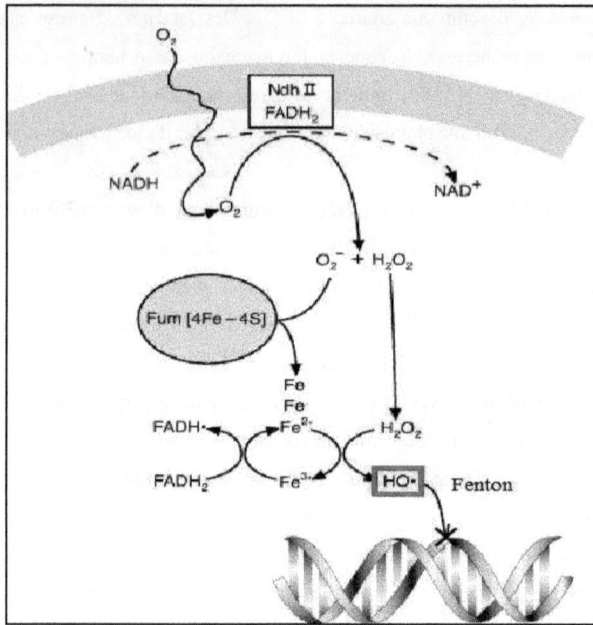

Figure 4.2 Dommages de l'ADN causé par stress oxydatif : O2•- oxyde les centres [4Fe-4S] des déshydratases, relâchant du fer libre dans le cytosol. Ce fer libre catalyse la réaction de Fenton, générant le radical hydroxyle qui attaque l'ADN. D'après Florance Bonnot, 2010

Le plus réactif de toutes les ERO est le radical hydroxyle formé à partir de H_2O_2 par la soi-disant réaction Haber-Weiss ou Fenton en utilisant le métal catalyseur (Halliwell et Gutteridge, 1989). OH˙ peut potentiellement réagir avec toutes les molécules biologiques, et parce que les cellules n'ont aucun mécanisme enzymatique pour éliminer ces très réactives ERO, sa production excédentaire conduit finalement à la mort des cellules.

4.2 Sources d'ERO chez les algues et principaux sites de formation

La plupart des compartiments cellulaires ont le potentiel de devenir une source d'ERO. Des facteurs de stress environnemental limitent la fixation de CO_2, comme la sécheresse, le sel, l'ozone et les hautes ou basses températures, les herbicides et les nanoparticules réduisent la NADP (régénération par le cycle de Calvin). Par conséquent, la chaîne photosynthétique du transport d'électrons devient surréduite, formant du superoxyde radical et de l'oxygène singlet ($^1O_2$) dans des chloroplastes (Krause, 1994). Pour éviter la sur-réduction à travers la chaîne de transport d'électrons dans des conditions qui limitent la fixation du CO_2, les algues se serrent de la voie photo-respiratoire à régénérer $NADP^+$ (Halliwell et Gutteridge, 1999). En tant que partie intégrante de la voie photo-respiratoire, H_2O_2 est formé dans les péroxisomes, où ils peuvent également être produits au cours du catabolisme des lipides en tant que sous-produit de β-oxydation d'acides gras (Somerville et coll., 2000).

Lorsque la croissance et les processus exigeant de l'énergie dans les microorganismes photosynthétiques sont réduits ou cessent en conséquence du stress, la chaîne de transport d'électrons dans les mitochondries peut devenir surréduite, favorisant la génération de $O_2^{\cdot-}$. La production d'ERO a lieu autant lors de la phase lumineuse que lors de la phase obscure. Lors de la phase lumineuse, il y a généralement trois sites de formation d'ERO.

La chlorophylle des photosystèmes à l'état excité peut transférer son énergie à une molécule à proximité, en l'occurrence l'oxygène, qui passera de l'état triplet ($^3O_2$) à l'état singlet ($^1O_2$).

Il est également possible lors du transfert d'électrons du CDO vers le PSII, d'y avoir transfert d'électron à une molécule d'oxygène déjà formée. Lorsque le ratio

$NADP^+/NADPH$ est faible, l'électron issu du transport d'électrons pourrait être transféré de la ferrédoxine à l'oxygène, formant ainsi l'anion super-oxyde ($^1O_2^-$) selon la réaction de Mehler. Cela est le site principal de formation d'ERO au sein du chloroplaste.

Une autre source d'ERO dans les algues ayant reçu relativement peu d'attention est la réaction de désintoxication catalysée par le complexe cytochrome P450, en particulier dans le cytoplasme et le réticulum endoplasmique. Au cours de ces réactions, les électrons fuient l'oxygène et la décomposition des intermédiaires oxygénés du cytochrome P450 peut former O_2^- (Halliwell et Gutteridge, 1999). En raison du transport d'électrons au niveau des thylakoïdes et de la membrane interne des mitochondries, des concentrations élevées d'oxygène et d'ions métalliques, ces microenvironnements, sont plus susceptibles de générer de hautes concentrations d'ERO. Ce potentiel à haut risque de production d'ERO pourrait également être lié au dysfonctionnement des enzymes et photosystèmes jouant un rôle au sein du transport d'électrons.

4.3 Réponse du système antioxydatif algal ;
les protéines de stress et les antioxydants

Afin de contrer les effets des ERO, les organismes aérobies possèdent un système de défense qui permet de garder le stress oxydatif à un niveau inférieur. Ce système de défense utilise à la fois des enzymes et des molécules aux propriétés anti-oxydantes.

4.3.1 Les protéines de stress

Le stress est impliqué dans toutes les relations entre la cellule et le milieu qui l'entoure. Il existe dans la cellule un système de protection constitué de protéines dites de stress ou de choc thermique. Les protéines de stress sont communément assimilées aux protéines de choc thermique. Trois grandes familles de protéines de choc thermique ont été décrites selon leurs tailles : 27 kDa, 70 kDa et 90 kDa. Ces protéines sont exprimées à la suite de toute situation qui compromet la survie cellulaire. Parmi ces situations se trouvent d'abord l'augmentation de température, l'exposition à des métaux lourds ou à d'autres agents chimiques comme l'ozone, le manque de glucose et les contaminants en général. La localisation des différentes protéines d'après Kiang et Tsokos est donnée sur le tableau plus bas. Leur rôle consiste alors à protéger l'ensemble vital des protéines cellulaires.

Tableau 4.1 – Nomenclature et localisations intracellulaires des différentes protéines de stress chez les eucaryotes (d'après Kiang et Tsokos, 1998).

HSP	LOCALISATION INTRACELLULAIRE
HSP 110	Cytosol/noyau
HSP 90	Cytosol/noyau
HSP 73	Cytosol/noyau
HSP 72	Cytosol/noyau
grp 75	Mitochondrie/chloroplaste
HSP 60	Mitochondrie/chloroplaste
HSP 47	Réticulum endoplasmique
HSP 20 (27)	Cytosol/noyau
HSP 10	Mitochondrie/chloroplaste
Ubiquitine	Cytosol/noyau

4.3.2 Les antioxydants

Les antioxydants sont regroupés en deux différents types généraux – enzymatiques et non enzymatiques. Aussi ils peuvent être également caractérisés selon leur mode d'action et leur effet protecteur. Sur la figure 4.2 plus bas est montré leur répartition par rapport à son type et mode d'action.

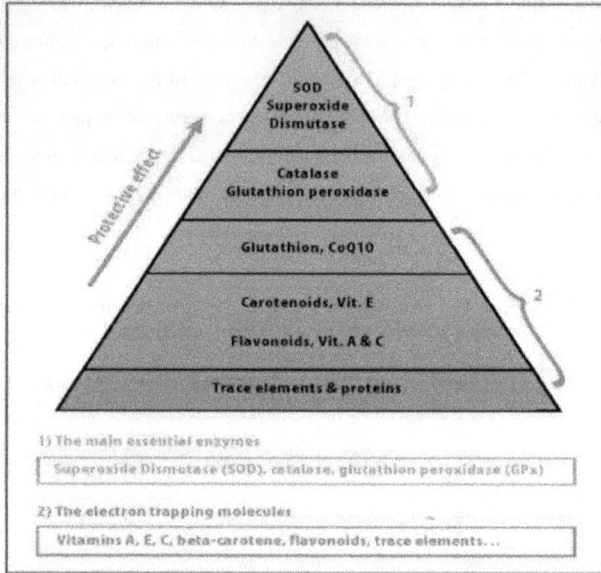

Figure 4.3 – Effet protecteur des différents antioxydants,
comparaison des antioxydants essentiels : 1.Enzymatiques (SOD,
Cat, etc.) 2. Non-enzymatiques - ceux du mode d'action « electron
trapping ». Tiré de P. Jenner et Ann Neurol, 2003

En ce qui suit on va considérer plus en détails certains des principaux antioxydants,
qui sont :

(1) Le superoxyde dismutase (SOD).

(2) La catalase (CAT).

(3) L'acide ascorbique (Vitamine C) et l'ascorbate peroxydase (APX).

4.3.2.1 – Le superoxyde dismutase (SOD)

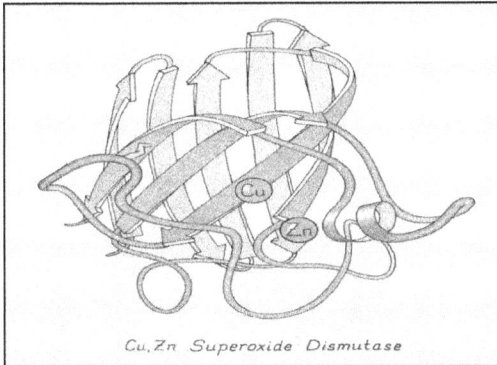

Figure 4.4 – Structure du super oxyde dismutase. D'après Bovin.

La super-oxyde dismutase est une métalloprotéine avec une activité enzymatique (Figure 4.3): elle catalyse la dis-mutation d'anion super-oxyde en oxygène et peroxyde d'hydrogène. Pour cette raison, cette enzyme est une partie importante du système de défense contre les radicaux libres ; elle est présente dans presque tous les organismes aérobies.

Il y a plusieurs types de SOD qui diffèrent majoritairement selon la composition du cofacteur métallique. Paradoxalement, ce dernier peut être formé d'ions métalliques de cuivre, de zinc, de manganèse ou de fer, lesquels sont également impliqués dans la formation d'ERO (Van Camp et coll., 1994; Bowler et coll., 1994). Cette enzyme est présente dans presque tous les compartiments cellulaires.

La dismutation du superoxyde catalysé par les SOD peut être écrite à l'aide des deux demi-réactions suivantes :

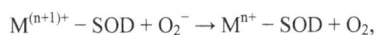

$$M^{(n+1)+} - SOD + O_2^- \rightarrow M^{n+} - SOD + O_2,$$

$$M^{n+} - SOD + O_2^- + 2H^+ \rightarrow M^{(n+1)+} - SOD + H_2O_2;$$

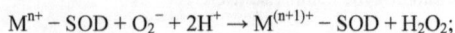

où M = Cu (n=1); Mn (n=2); Fe (n=2); Ni (n=2).

4.3.2.2 La catalase (CAT)

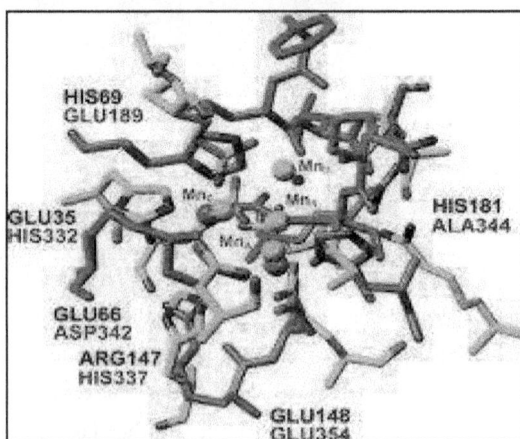

Figure 4.5 – Superposition optimale de l'OEC du photosystème II (épine dorsale verte) versus Mn catalase (chaîne magenta), présentant des résidus étroitement alignés. D'après Loll et coll., 2005

Les quatre atomes de Mn de CDO et de deux atomes de manganèse Mn catalase sont au centre du diagramme (atome de calcium CDO en violet). La structure du PSII montrée à la figure 4.4 est de Loll et coll. 2005, avec le Mn coordonné mis à jour.

Cette enzyme, ubiquitaire aux organismes aérobies, détoxifie H_2O_2 de la cellule formé au niveau du peroxysome. Cette protéine de grande taille (240 kDa) ne se retrouve pas au niveau du chloroplaste, bien que trois iso-formes aient été répertoriés au niveau du cytosol, des peroxysomes et des mitochondries (Chandler et coll., 1983).

La catalase possède deux modes d'action afin de transformer le H_2O_2 en H_2O et O_2 (Inze et Van Montagu, 2003). En effet, à faible concentration de son substrat (μM), la catalase agit telle une peroxydase et utilise le pouvoir réducteur d'une autre molécule (RH_2) comme source de protons selon la réaction suivante :

$$RH_2 + H_2O_2 => R + 2\ H_2O,$$

où RH_2 peut être l'acide ascorbique, l'acide formique, le formaldéhyde, etc. À de plus fortes concentrations de H_2O_2, la catalase utilise deux molécules de son substrat selon la réaction suivante :

$$2\ H_2O_2 => 2\ H_2O + O_2$$

Il semble que le « turn-over » de la catalase soit très rapide et même comparable à celui de la sous-unité D1 du PSII (Hertwig et coll., 1992). De plus, ce « turn-over » est affecté à la baisse en présence de facteurs environnementaux comme la salinité et la température.

4.3.2.3 L'acide ascorbique (Vitamine C) et l'ascorbate peroxydase (APX)

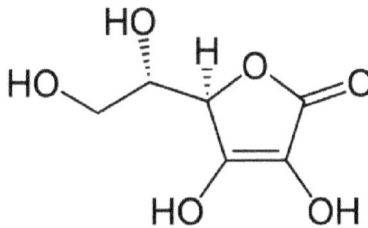

Fig. 4.6 Structure chimique de l'acide ascorbique

L'acide ascorbique, communément appelé vitamine C, joue plusieurs rôles au sein de la cellule. Il se retrouve tant au niveau du chloroplaste, du cytoplasme, de la mitochondrie que de la vacuole (Horemans et coll., 2000). C'est un antioxydant puissant qui réagit rapidement avec le radical superoxyde, l'oxygène singulier, l'ozone et le peroxyde d'hydrogène. L'acide ascorbique peut également accepter l'électron final du transport d'électrons du thylakoïde et ainsi éviter la formation d'ERO advenant le transfert de cet électron à une molécule d'oxygène. De plus, l'acide ascorbique est impliqué dans la synthèse d'un autre antioxydant puissant, l'-tocophérol (ou vitamine E). Au niveau du chloroplaste, l'ascorbate peroxydase est l'enzyme principale responsable de la détoxification du H_2O_2. Elle catalyse la réaction suivante :

$$2 \text{ ascorbate} + H_2O_2 \Rightarrow 2 \text{ Monodéhydroascorbate} + 2\ H_2O$$

Les molécules d'acide ascorbique sont régénérées selon deux mécanismes :

(1) À partir du pouvoir réducteur du NADPH sous l'activité de l'enzyme mono de hydro ascorbate réductase.

(2) Suite à la formation de déhydroascorbate, la déhydroascorbate réductase utilise le pouvoir réducteur du glutathion tel qu'illustré par le cycle Halliwell-Asada. Dans les conditions normales, l'acide ascorbique se trouve à 90 % sous sa forme réduite (Foyer, 1976).

CHAPITRE V
MATÉRIELS ET MÉTHODES

5.1 Culture algale

L'algue verte *Chlorella vulgaris* a été utilisée lors des expériences effectuées afin d'évaluer l'effet inhibiteur et toxique des contaminants, relié à la production de ROS, respectivement la perturbation des processus photochimiques du Photosystème II. Étant donné que cette algue est connue comme l'une des plus riches en chlorophylle dans la nature (Algabase 2004), les expériences effectuées ont étés plus ou moins ciblées envers cette grande sensibilité de *Chlorella* en présences des différents xénobiotiques, exprimée par une réponse rapide de l'appareil photochimique et la fluorescence comme un phénomène indispensable de la photochimie, dont les variations peuvent être détectées et interprétées par les lois, qui décrivent son comportement.

Les algues unicellulaires du genre *Chlorella* sont des algues de la lignée verte (chlorophylle *a* et *b* avec chloroplastes ayant pour origine l'endosymbiose plastique primaire, comme les plantes vertes classiques). Elles se distinguent des autres végétaux par une concentration exceptionnelle en chlorophylle (Choznacka et coll., 2004).

L'algue *Chlorella* est photolithotrophe autotrophes (photosynthèse végétale avec photolyse de l'eau et assimilation du CO_2 comme les plantes classiques), mais peuvent aussi être cultivées en chimio-organotrophie (et carbone hétérotrophe) (Choznacka, 2004).

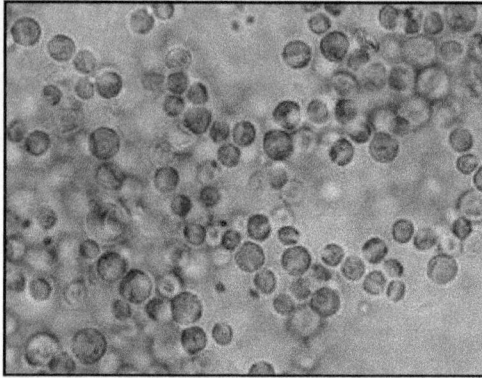

Figure 5.1 – *Chlorella vulgaris* sous microscope optique. Tiré de Pavel Škaloud, 2007.

L'algue *Chlorella vulgaris* (obtebue du Canadian Phycological Culture Center, CPCC, University of Waterloo, Canada) a été cultivée en milieux nutritifs BG-11 de pH 7,1 approximatif après la stérilisation, dans une chambre de croissance, à température ambiante de 25^0C et sous irradiation de lumière continue de 80-$100\mu E.m^{-2}.s^{-1}$. Toutes les mesures ont été prises à concentrations 1.10^6 cellules par ml. La composition chimique de milieux BG-11 est donnée dans le tableau suivant :

NaNO₃	1.5 g
K₂HPO₄	0.04 g
MgSO₄·7H₂O	0.075 g
CaCl₂·2H₂O	0.036 g
Acide citrique	0.006 g
Citrate ferrique d'ammonium	0.006 g
EDTA (disodium salt)	0.001 g
NaCO₃	0.02 g
Trace de métaux mix A5	1.0 ml
Agar (au besoin)	10.0 g
H3BO3	2.86 g
MnCl₂·4H₂O	1.81 g
ZnSO₄·7H₂O	0.222 g
NaMoO₄·2H₂O	0.39 g
CuSO₄·5H₂O	0.079 g
Co(NO₃)2·6H₂O	49.4 mg
Eau distillée	1.0 L

Tableau 5.1 – Composition du milieu culture BG-11 pour 1 L. Tirée de Techniques de base de microbiologie de Sylvie Bardes, 2009 (professeur agrégé de Biochimie Génie Biologique - Lycée de la Vallée de Chevreuse)

5.2 Contaminants

Les produits chimiques suivants ont été utilisés pour les traitements de *Chlorella vulgaris* : Atrazine - 2-chloro-4- (ethylamino)-6- (isopropylamino) -s-triazine, DCMU (Diuron) - (3- (3,4 -dichlorophenyl) (-1,1 -Diméthylurée), Méthyle viologène (Paraquat ;1,1'-dimethyl-4, 4'-dipyridinium dichloride), Nitrate d'argent AgNO₃, Sulfate de cuivre pentahydrate CuSO₄.5H₂O de la compagnie Anachemia (cat. n° 28842-380), Bichromate de potassium K₂Cr₂O₇ de la compagnie Fisher Scientific (cat. n° P-188-500) et les antibiotiques Sulfaméthazine 99 % d'Alfaestar et Géntamicine d'Acros Geel.

5.3 Évaluation de l'effet inhibiteur et toxique des contaminants cités dans le paragraphe 5.2 à partir des mesures faites sur la fluorescence de la Chl *a* et l'accumulation d'ERO chez l'algue verte *Chlorella vulgaris*

5.3.1 Mesure de la fluorescence chlorophyllienne

Les mesures de la fluorescence Chl ont été menées à la température ambiante avec un fluorimètre portable Plant Efficiency Analyser (PEA, Hansatech Instruments, Ltd). Une photographie de l'appareil PEA utilisé dans l'étude présente est montrée sur la figure ci-contre. 0

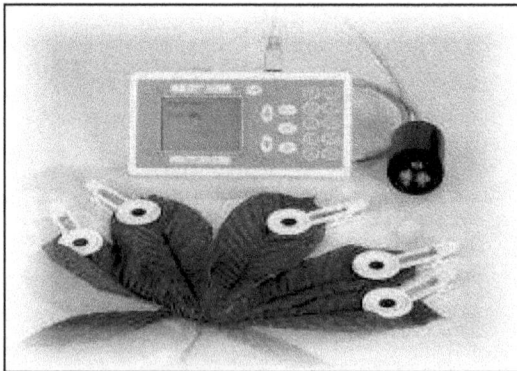

Figure 5.2 – Photographie du model Handy PEA utilisé dans l'étude présente

Tous les échantillons étaient adaptés à l'obscurité pour au moins 15 minutes avant que les mesures fussent démarrées, permettant ainsi aux centres réactionnels du photosystème II et les transporteurs d'électrons d'être oxydés en plus grand nombre possible (centres ouverts).

L'algue verte *Chlorella vulgaris* a été exposée à l'éclairement continu actinique pendant 1 seconde avec une lumière irradiante de 600 Wm^{-2} (une excitation d'intensité suffisante pour assurer la fermeture de tous les PSII réactions centres) fournie par un tableau de six diodes émettrices de lumière (crête à 650 nm) au sein du PEA (fluorimètre). Les mesures de fluorescence cinétique rapide ont été tracées sur une échelle logarithmique du temps entre 10µs à 1 sec pour une analyse plus sophistiquée. Le rendement de la fluorescence à 50µs a été considéré comme valeur de base de fluorescence, F_O.

Toutes les mesures ont été faites après 30 min d'exposition de *Chlorella vulgaris* aux contaminants correspondants, sous irradiation continue de 80-100µE.m^{-2}.s^{-1}. Dans les échantillons de *Chlorella vulgaris* traités par les différents contaminants au cours des expériences, on a enquêté sur la modification des paramètres suivants de la fluorescence :

(1) La fluorescence variable maximale, notée F_V, représentant la différence entre la fluorescence maximale F_M et la fluorescence de base (à 50µs) F_O, donc F_M-F_O.

(2) La relation entre processus photochimiques simultanés dans PSII comme le ratio F_V/F_M dit *rendement quantique photochimique maximal* (Karukstis, 1991).

5.3.2 Mesure de la formation des espèces réactives d'oxygène (ERO)

La formation des espèces réactives d'oxygène (ERO) dans *Chlorella vulgaris* a été mesurée en utilisant comme indicateur les cellules perméables 2',7'dichlorodihydrodiacétate fluorescéine (H_2DCFDA) (Gerber et Dubery, 2003). Les estérases cellulaires hydrolysent la sonde sous la forme non fluorescente 2',7'dichlorodihydrofluorescein (H_2DCF), mieux conservée dans les cellules. En présence d'ERO et de peroxydases cellulaires, H_2DCF est transformé à la hautement fluorescente 2',7'dichlorofluorescéine (DCF).

Chaque échantillon d'un millilitre d'algues et BG-11 dans les travaux présents, ainsi que le contrôle, a été traité avec 20μl de la H_2DCF de concentration 5μM dans 1 ml de solution d'éthanol (Saison et coll. ,2010).

Les appareils suivants ont été utilisés :

(1) Spectrofluorimètre SpectraMax M2^e avec logiciel opérationnel Softmax Pro 5.4 sous Windows.

La fluorescence verte de H_2DCFDA a été recueillie par une excitation provenant de laser à 485 nm et une émission respectivement à 538 nm. Les prises portent une plaque contenant 24 échantillons. L'effet de huit contaminants de concentration 5, 10 et 20 μM ainsi que le témoin (algue *Chlorella vulgaris* pure) a été examiné afin de déterminer la corrélation entre l'accumulation d'ERO et la fluorescence de dichloro-fluorescéine (DCF) transformée sous cette forme dans la présence d'ERO et de peroxydase cellulaire.

(2) La fluorescence FL1 en vert a été déterminée en utilisant un cytomètre de flux (FacsVantage, Becton-Dickinson, USA) équipé d'un laser d'argon (d'excitation à 488 nm), présenté sur la figure ci-desous :

Fig. 5.3 Photographie de l'appareil FACSCAN utilisé dans l'étude présente. Source : Internet.

Sous l'utilisation de l'émission laser à 488 nm, seulement la fluorescence chlorophyllienne en rouge a été recueillie à un 610 nm long filtre passe-bande (FL3), ainsi que la fluorescence provenant de la fluorescéine di-acétate (H_2DCF) – fluorescence en vert avec un filtre passe bande 530/30nm (FL1).

Pour chaque échantillon, un minimum de 10^6 cellules a été analysé et pour chaque événement, la fluorescence a été évaluée en mode logarithmique. Les données ont été recueillies et affichées à l'aide du logiciel Gatelogic dans l'une des dimensions FL3 (cellules auto-fluorescentes en rouge) ou FL1 (fluorescence en vert), les histogrammes versus le nombre de cellules ou de bi-dimensionnelles FL1 versus FL3 cytogrammes.

5.3.3 Mesure des paramètres de la granulosité (SSC) et la taille cellulaire (FSC)

Dans l'étude présente les paramètres FSC (forward scatter) et SSC (side scatter) ont été utilisés afin de donner une estimation de la viabilité cellulaire ainsi que des changements morphologiques subies ou cours du traitement de *Chlorella vulgaris* avec des xénobiotiques. Ces deux paramètres sont utilisés dans la littérature pour l'évaluation de l'évolution de l'état physiologique et morphologique des cellules au cours de leur exposition des facteurs de stress comme contamination avec des xénobiotiques, choc thermique (très hautes ou basse température), sécheresse, nanoparticules etc. Pourtant ils sont très importants et significatifs pour la viabilité des algues et l'intégrité des populations (Jamers et coll.,2009).

La lumière qui est diffusée dans la direction vers l'avant, en général jusqu'à 20 ° décalé de l'axe du faisceau laser, est collectée par une lentille connue comme la diffusion vers l'avant ou en anglais FSC - forward scatter. L'intensité FSC équivaut à peu près à la taille de la particule, peut également être utilisé pour faire la distinction entre les débris cellulaires et les cellules vivantes (Raman, 2006).

La lumière diffusée renseigne sur la morphologie et la structure de la cellule. Si la diffusion de la lumière est mesurée dans l'axe du rayon incident, l'intensité du signal peut être corrélée avec la taille et par conséquent avec la viabilité cellulaire (Shapiro, H.M. 1995).

Par contre, sous un angle de 90°, la mesure correspond à la structure intracellulaire de la cellule (réfringence du cytoplasme, morphologie, rapport nucléo-cytoplasmique). De cette manière on définit SSC ou side scatter L'utilisation simultanée de ces deux paramètres permet de distinguer, dans un sang périphérique par exemple, les plaquettes, les lymphocytes, les monocytes et les polynucléaires

Les enquêtes effectuées sur les différents échantillons comportent les rapports entre granulosité (SSC), la taille (FSC) en échelle linéaire et la fluorescence chlorophyllienne (FL3), et la fluorescence en vert (FL1) en échelle logarithmique décimale respectivement.

Les changements de la granulosité et de la taille en fonction de la concentration des différents polluants ont été évalués à partir de la moyenne géométrique (*geo-mean*) de paramètre SSC (la granulosité) et le paramètre FSC (la taille) en fonction chaque' un du nombre d'événements, présenté sous la forme d'histogramme. De la même façon, la variation de la moyenne géométrique du FL1 (DCF fluorescence), fluorescence en vert en fonction de la concentration des polluants, a été poursuivie.

5.4 Analyse des données

Les expériences ont été répétées quatre fois pour les traitements concernant l'évaluation des ERO avec le cytomètre de flux et encore quatre fois pour les mesures de la fluorescence avec le Handy PEA. Les écarts-types ont été déterminés pour chaque traitement.

CHAPITRE VI
RÉSULTATS ET DISCUSSION

6.1 Atrazine

L'Atrazine, 2-chloro-4-(éthylamino)-6-(isopropylamino)-s-triazine, un composé organique composé d'un s-triazine-anneau, est un herbicide largement utilisé.

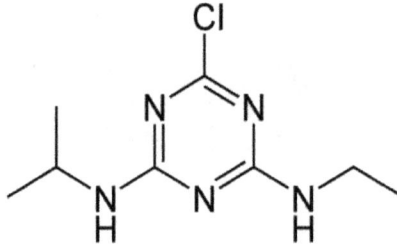

Fig. 6.1 Structure chimique de l'Atrazine

L'Atrazine peut non seulement réduire la transcription génique relative au niveau moléculaire, mais elle peut aussi apporter divers changements physiologiques et biochimiques dans les cellules d'algues, conduisant à de nombreuses modifications dans la structure et la fonction.

6.1.1 Mesure de la fluorescence chlorophyllienne *a*, afin d'estimer l'effet toxique de l'Atrazine en fonction de la concentration, sur la photochimie du PSII

Il est connu que l'Atrazine, pour interagir avec le site quinone de la liaison D1 de photosystème II (PSII), provoque une inhibition de la photosynthèse, concernant le transport d'électrons vers dans le cas moins inhibé PSI (E.P. Fuerst et M.A. Norman, 1991). L'Atrazine bloque le flux d'électrons à PSI, conduisant à la génération d'ERO qui réagiraient à des lipides et protéines, ainsi que de pigments et, donc, provoquerait la peroxydation des lipides et des dommages aux membranes (Dewez et Popovic, 2006).

Ces ERO comprennent un superoxyde radical, le peroxyde d'hydrogène, et radical hydroxyle, qui sont produits comme les produits au cours du transfert membranaire d'électrons, ainsi que par un certain nombre de voies métaboliques. Le stress oxydatif conduit à de nombreux types d'effets négatifs comme la peroxydation membranaire, la perte des ions, le clivage des protéines et la mutagenèse de l'ADN.

L'algue verte *Chlorella vulgaris* a été exposée à l'éclairement continu actinique pendant 1 sec sous une lumière irradiante de 600 Wm^{-2} (une intensité d'excitation suffisante pour assurer la fermeture de tous les PSII centres réactionnels). Les mesures de fluorescence cinétique rapide ont été tracées sur une échelle logarithmique du temps entre 10µs à 1 sec. Toutes les prises ont été faites après 30 min d'exposition de *Chlorella vulgaris* aux concentrations d'Atrazine de 10, 100 et 1000 µg/l respectivement, (sous les conditions décrites dans le Chapitre V, paragraphe 5.3.1), suivie d'une adaptation à l'obscurité de 15 min pour assurer la ré-oxydation (réouverture) des centres réactionnels. Les solutions sont préparées avec le milieu de culture BG-11, contenant de l'eau nano-pure (18mΩ) à partir d'une solution stock de 100 mg/l pour chacun des contaminants étudiés.

Toutes les expérimentations, y compris le contrôle, ont été effectuées avec des échantillons contenant 1.10^6 cellules/ml. Les paramètres suivants de la fluorescence ont été évalués :

(1) Fv, la fluorescence variable donnée par la différence entre la fluorescence maximale Fm et Fo, la fluorescence de base (rendement à 50µs).
(2) Le rendement quantique photochimique donné par le rapport Fv/Fm.

La figure suivante montre la courbe de la fluorescence Chl *a* de *Chlorella vulgaris* lorsque la photochimie du PSII n'a pas été perturbée et le transport d'électrons vers le PSI n'est pas interrompu par la présence d'Atrazine :

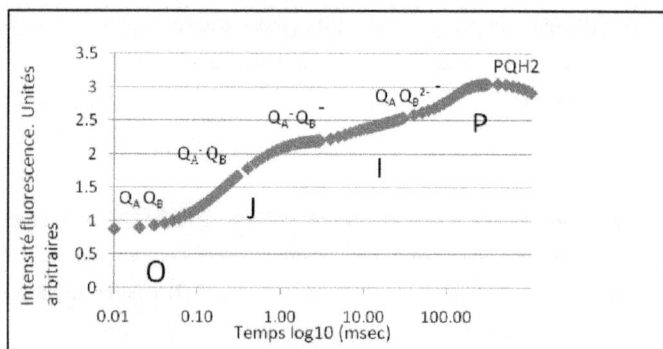

Figure 6.1.1 – Cinétique de fluorescence de la Chl *a* de *Chlorella vulgaris* à température ambiante (25° C) et en absence d'un contaminant (contrôle ou témoin). D'après Strasser et Govindje, *O-J-I-P transition*, 1991.

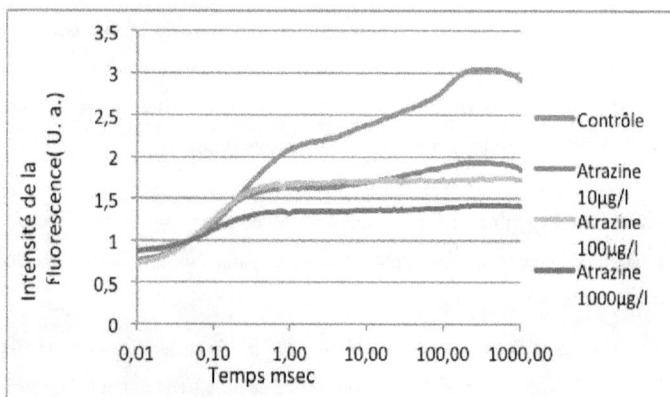

Figure 6.1.2 – Cinétique de fluorescence de la Chl *a* de *Chlorella vulgaris* en présence d'Atrazine à 10, 100 et 1000 µg/l pendant 30 min d'exposition à température ambiante.

Les courbes obtenues démontrent l'effet inhibiteur d'Atrazine avéré par une baisse considérable de la fluorescence des trois échantillons exposés à l'Atrazine par rapport au contrôle. À l'obscurité comme dans le cas présent (tous les échantillons étaient adaptés à l'obscurité pour au moins 15 min avant chaque mesure), Fv/Fm représente le rendement quantique maximum de la photochimie du PSII. C'est la probabilité pour qu'une excitation induite par un photon se désactive via la photochimie.

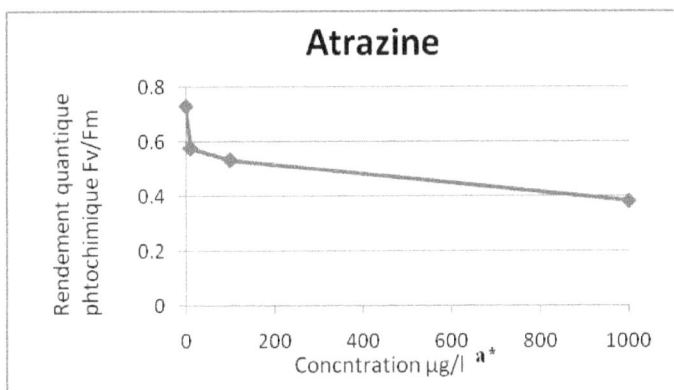

Figure 6.1.3 – Rendement quantique photochimique de *Chlorella vulgaris* exposée durant 30 min à concentrations de 10, 100 et 1000 µg/l d'Atrazine.
a* - Les différences entre les valeurs sont trouvés importantes et les erreurs sont évalués insignifiants

6.1.2 Mesures cytofluorimétriques sur la formation des espèces réactives d'oxygène (ERO) lors d'exposition de *Chlorella vulgaris* à l'atrazine pendant 30 min

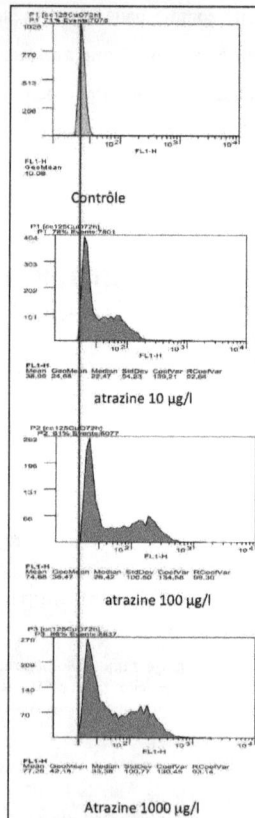

Figure 6.1.4 – Histogrammes de FL1 du contrôle
et d'algues exposées à l'atrazine (10, 100 et 1000 µg/l).

La formation des espèces réactives d'oxygène (ERO) dans *Chlorella vulgaris* a été mesurée en utilisant l'indicateur cellules perméables 2`,7`dichlorodihydrodiacétate fluorescéine (H₂DCFDA). Les mesures effectuées sur les échantillons comportent les rapports entre le nombre d'événements, lesquelles mesures sont présentées sous la forme d'histogrammes en échelle log10 fluorescence en vert.

Les histogrammes montrent bien le déplacement de la moyenne géométrique vers la droite sur l'échelle logarithmique indiquant une hausse de la fluorescence en vert (FL1) conformément à la production d'ERO éprouvée par les valeurs déterminées de « geo-mean » pour les échantillons de différentes concentrations d'Atrazine.

Les figures 6.1.5 (a) et (b) montrent l'augmentation de la fluorescence en vert (FL1) en fonction de la concentration.

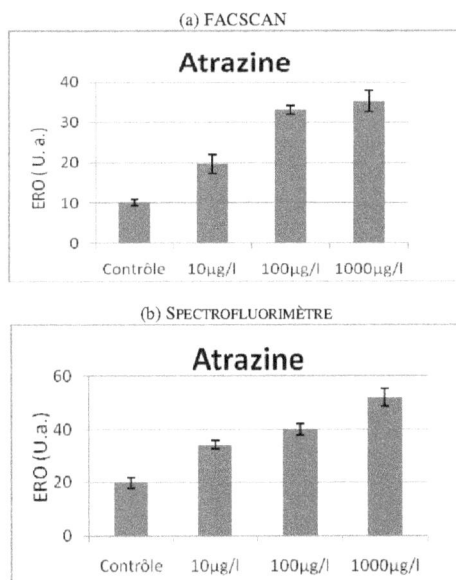

Figures 6.1.5 (a) et (b) – Variation de la production des ERO pour le témoin et les concentrations d'Atrazine de 10, 100 et 1000µg/l.

Les mesures en (a) sont effectuées sur cytomètres de flux (FacsVantage, Becton-Dickinson, USA), sous les conditions décrites dans le Chapitre V, p.5.3.2. Les mesures en (b) sont sous les mêmes conditions, mais prises sur Spectrofluorimètre SpectraMax M2^e avec logiciel opérationnel Softmax Pro 5.4 sous Windows.

Lorsque les populations des algues sont soumises à des stress environnementaux (comme la salinité, la sécheresse, les températures extrêmes et les pesticides), le dommage oxydatif est causé, soit directement, soit indirectement, par le déclenchement d'une augmentation du niveau des espèces réactives d'oxygène (ERO). En même temps, on suggère l'activation du système antioxydant enzymatique et non enzymatique de défense chez *Chlorella vulgaris* qui tente de contrôler l'accumulation des ERO et de prévenir aux algues des dommages oxydatifs, en déclenchant la production de protéines de stress. La figure suivante montre la variation de la granulosité (densité) des cellules en fonction de la concentration d'Atrazine.

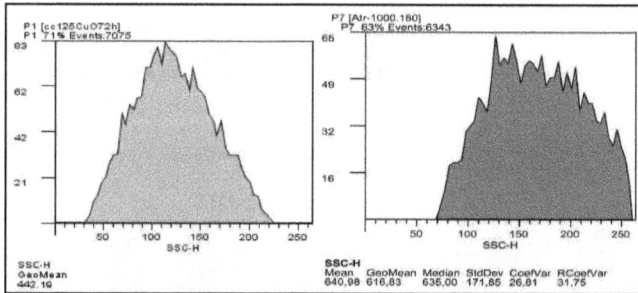

Figure 6.1.6 – Histogramme de la granulosité
(à gauche : contrôle ; à droite : 1000 µg/l d'atrazine.).

Les mesures effectuées sur la granulosité montrent, avec une approximation mathématique, une hausse linéaire de la granulosité cellulaire en fonction de la concentration d'Atrazine à laquelle les populations de *Chlorella vulgaris* ont été exposées pendent 30 min. La figure suivante montre l'approximation linéaire de la variation de la granulosité en fonction des espèces réactives d'oxygène pour le contrôle et les trois différentes concentrations d'Atrazine de 10, 100 et 1000µg/l.

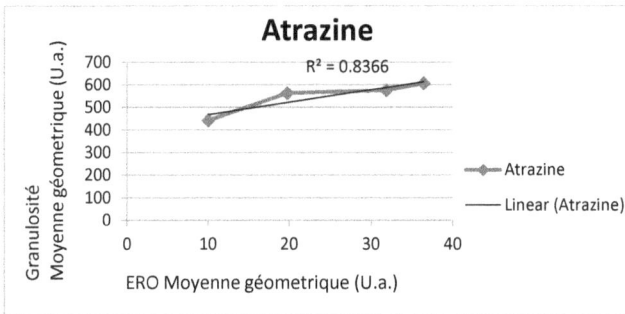

Figure 6.1.7 – Approximation linéaire de la variation de la granulosité en fonction de l'accumulation d'ERO pour différentes concentrations d'Atrazine.

Une autre dépendance a été trouvée, impliquant la taille cellulaire déterminée à partir de l'histogramme de la grandeur FSC par le spectromètre du flux FACSCAN. Le facteur FSC a été trouvé diminuant pour les concentrations appliquées par rapport au contrôle. Les résultats sont présentés sur la figure 6.1.8.

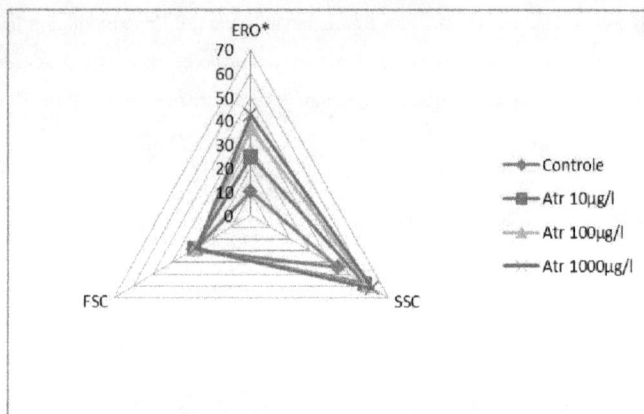

Figure 6.1.8 – Variation de la granulosité et de la taille de *Chlorella vulgaris* en fonction de la production d'ERO lors de l'exposition à l'atrazine (10, 100 et 1000 µg/l) pendant 30 min.

* Les valeurs obtenues en U. a. pour SSC et FSC ont été divisées à 10 pour être comparer sur un même diagramme.

L'augmentation de la granulosité et la diminution de la taille cellulaire sont reliées avec la viabilité des cellules. Les cellules mortes démontrent une plus drand SSC et inférieur FSC, par rapport aux cellules vivantes (Rahman, 2006). Conformément à cela, nos résultats, impliquant l'augmentation de la granulosité, même faible dut à la très courte période d'exposition des échantillons à des xéno-biotiques, par rapport au control indiquent probablement une plus grande accumulation de débris – plus grande autophagie. Cependant ces deux facteurs - SSC et FSC, pourraient être influencées également par la production des protéines de stress par le système antioxydant cellulaire. Compte tenu au court temps d'exposition et les concentrations faibles des contaminants de l'ordre de µg/l, ainsi que la taille relativement petite de ces protéines, il est très peu probable, que ça soit le facteurs déterminant, qui joue sur ces deux facteurs, mais il est autant possible qu'il fus impliquer dans l'augmentation de la granulosité. Par contre une mesure de l'accumulation de certaines protéines de stress, probablement attendue suite au stress oxydatif subie, n'a pas été faite dans cette étude, mais cette interprétation des résultats obtenus pourraient être confirmés ou rejetés par des études ultérieures. Dans le même aspect les résultats obtenus, pour le changement de la fluorescence chlorophyllienne, pour la diminution de quenching photochimique, ainsi que pour la production des ERO, démontrant l'effet photo–inhibiteur de l'atrazine, suggèrent une atténuation de la viabilité cellulaire des populations examinées, ce qui est en corrélation avec nos résultats obtenues pour le facteur de FSC, trouvé décroissant. Des résultats similaires concernant l'évolution de ces deux paramètres (SSC et FSC), par rapport à l'accumulation intracellulaire d'ERO on a été trouvés par An Jamers et coll. 2009, lors du traitement de *Chlamydomonas reinhardtii* avec du Cd.

Les protéines de stress protègent les autres protéines cellulaires en facilitant leur restructuration fonctionnelle après un stress. Ces protéines assurent une protection lors d'un second stress et induisent ainsi une tolérance aux agressions qui suivent. Trois grandes familles de protéines de stress ont été décrites selon leurs tailles : 27kDa, 7kDa et 90kDa. Elles se localisent dans la mitochondrie ou les chloroplastes, et le réticulum endoplasmique (Kiang et Tsokos, 1998). Ces protéines sont exprimées à la suite de toute situation qui compromet la survie cellulaire. Parmi ces situations, se trouvent d'abord l'augmentation de température, l'exposition à des métaux lourds ou à d'autres agents chimiques comme les herbicides, l'ozone, l'hypoxie, l'anoxie, le manque de glucose ou les infections. Le rôle de ces protéines consiste alors à protéger l'ensemble vital des protéines cellulaires (David et Grongnet, 2001).

6.2 Méthyle viologène

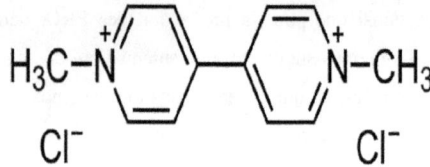

Fig. 6.2 Structure chimique de Méthyle viologène.

Le Paraquat ou méthyle viologène est le nom commercial de N, N' -diméthyl 4,4 ' - dichlorure bipyridinium, l'un des herbicides les plus largement utilisés dans le monde. Le Paraquat est un viologène rapide, non sélectif, tuant plante verte et algues en contact avec les tissus. Il est également toxique pour les êtres humains et les animaux.

Le Paraquat est absorbé très rapidement par les algues et bloque la photosynthèse en acceptant les électrons du photosystème I (PSI) dans les plantes (Qian et Chen, 2009). Cette action interfère les systèmes intracellulaires de transfert d'électrons et empêche la formation du NADPH, causant la formation d'oxygène actif espèce par le transfert d'électrons d'oxygène moléculaire (Ananieva et coll. 2004). Cette interruption entraîne la formation d'anion super-oxyde, de l'oxygène singulier et radicaux hydroxyles et peroxydes dans les chloroplastes.

6.2.1 Mesures de la fluorescence chlorophyllienne et évaluation
de rendement photochimique quantique en présence de Paraquat

Sur la figure ci-dessous est présenté l'effet inhibiteur de Méthyle viologène sur la fluorescence chlorophyllienne. À la différence des herbicides triazine et urea (Atrazine et Diuron) dont le mécanisme de toxicité s'explique par leur principal mode d'action, qui est de bloquer le transport d'électrons de la voie photochimique (Bi Fai et coll., 2007), l'effet inhibiteur de Méthyle viologène sur le PSII se révèle indirect.

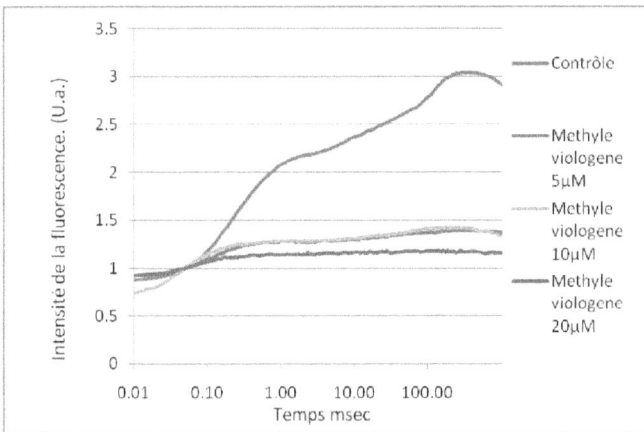

Figure 6.2.1 – Fluorescence de *Chlorella vulgaris* en présence
de 5, 10 et 20 µM de Méthyle viologène. Traitement de 30 min.

La fluorescence chlorophyllienne *a* peut également potentiellement détecter les impacts des contaminants agissant indirectement sur l'électron transporteur parce que les produits chimiques qui endommagent les membranes ou les protéines associées aux transporteurs d'électrons photosynthétiques ou qui empêchent tout processus cellulaire en aval de PSII, comme l'assimilation de carbone ou la respiration, conduisent à l'excitation de la pression sur PSII (Chalufoura, 2010).

Les résultats obtenus sur le rendement photochimique montrent l'effet inhibiteur du Méthyle viologène, manifesté par la baisse du rendement quantique photochimique maximale qui caractérise PSII. Cependant l'intervention du Paraquat sur la photochimie de PSII se révèle plutôt indirecte, exprimée en détruisant les membranes thylakoïdales ou d'autres parties du chloroplaste (Brack et Frank, 1998). La figure 6.2.2 montre la variation du rendement photochimique quantique du PSII de *Chlorella vulgaris* exposée au Paraquat pour de concentrations de 5, 10 et 20 µM en milieu éclairé pendent 30 min.

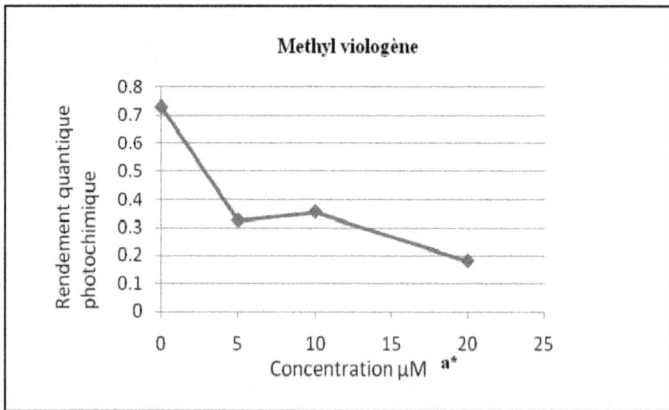

Figure 6.2.2 – Variation du rendement photochimique quantique du PSII de *Chlorella vulgaris* exposée au Paraquat de 5, 10 et 20 mM en milieu éclairé pendant 30 min.
a* - Les différences entre les valeurs sont trouvés importantes et les erreurs sont évalués insignifiants

Les Bi* pyridine herbicides, comme le Paraquat, sont connus pour agir comme accepteurs artificiels d'électrons dans PSI, générant des radicaux libres qui réduisent O_2 en anion super-oxyde (O_2^-) (Ananieva et coll. 2004). Cela mène à la formation de peroxyde d'hydrogène (H_2O_2) hautement toxique et réactif et de radicaux hydroxyles (OH^-) qui détruisent les membranes phospholipides, chloroplastes ou mitochondries, et d'autres organelles de la cellule par la peroxydation, l'inactivation des protéines et dommages causés à l'ADN.

6.3.2 Mesures de la formation des espèces réactives d'oxygène (ERO) lors d'exposition de *Chlorella vulgaris* à Méthyle viologène (MV) pendant 30 min en milieu éclairé

MV accepte un électron de la ferrodoxine et réagit avec O_2 moléculaire, formant un superoxyde radical anionique qui est transformé dans les réactions séquentielles en ERO, comme le peroxyde d'hydrogène et les hydroxy radicaux (Fukushima et coll., 2002). Les histogrammes obtenus pour le témoin et 5, 10 et 20μM de MV montrent le déplacement du pic principal à droite sur l'échelle logarithmique.

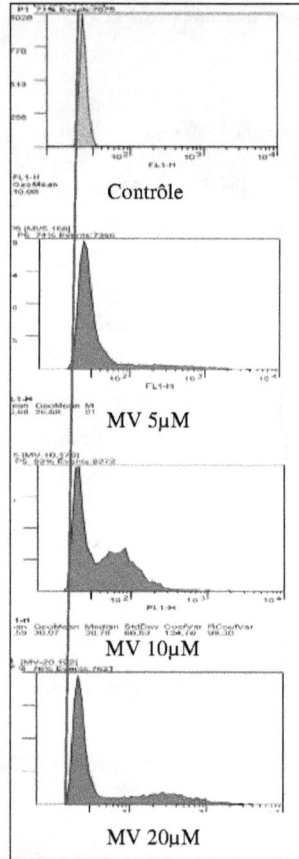

Figure 6.2.3 – Histogrammes obtenus pour le témoin et 5, 10 et 20µM de MV.

Toujours comme dans le cas d'Atrazine, les déplacements des pics vers la droite sur les histogrammes sont observés, ainsi que l'augmentation des valeurs de geo-mean de FL1. Toutes les histogrammes sont tracées en échelle lg concernant les paramètres investigués – FL1 (fluorescence en verte du bio-marquer H_2DCF), SSC et FSC, en fonction de nombre d'événements produits en U. a. Étant donné le mode spécifique d'intervention du Paraquat sur les algues, en particulier en attaquant prioritairement le PSI, les teneurs déterminées pour le geo-mean (moyen géométrique) de FL1 sont trouvées proches de celles d'Atrazine, sens oublier que les concentrations de l'Atrazine étant en µg/l se révèlent jusqu'à 100 fois inférieurs par rapport aux celles des autre xéno-biotiques évalués dans cette études, s'ils devraient être exprimées en concentration molaires M. Les cellules ont été étiquetées à forte lumière en présence de MV, (10^{-6}M).

L'excès de superoxyde résulte dans la production de radicaux hydroxyles et le peroxyde d'hydrogène par une variété de réactions qui conduisent aux dommages de l'ADN, la dégradation et la peroxydation de protéines, ce qui affecte gravement le métabolisme des cellules végétales.

(a) CYTOMÈTRE DE FLUX

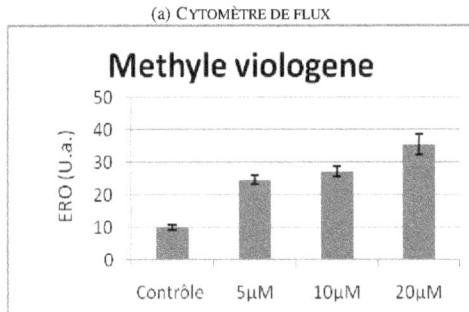

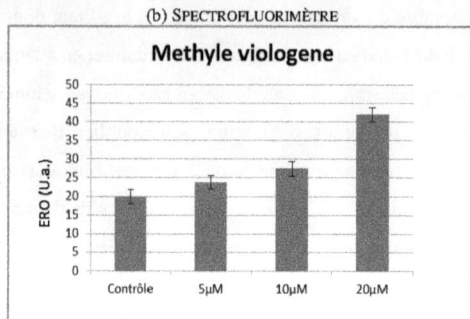

(b) SPECTROFLUORIMÈTRE

Methyle viologene

Figure 6.2.4 – Variation de la fluorescence en vert FL1 pour le témoin
et les concentrations de Méthyle viologène de 5, 10 et 20μM.

Les mesures (a) sont effectuées sur cytomètres de flux (FacsVantage, Becton-Dickinson, USA) équipés d'un laser d'argon (d'excitation à 488 nm) pour une durée de 30 min d'exposition, à température ambiante de 25° C et pour 10^6 cellules par ml. Les mesures (b) sont sous les mêmes conditions, mais prises sur Spectrofluorimètre.

Les estimations sur le changement de la granulosité indique encore une fois les changements morphologiques dans les cellules impliquant une plus grande autophagie (débris accumulés par la suite de la mort cellulaire) ou la production probable des protéines de stress, générées par le système enzymatique antioxydant de protection des *Chlorella vulgaris* dans le combat avec l'accumulation d'ERO, ou les deux processus à la fois.

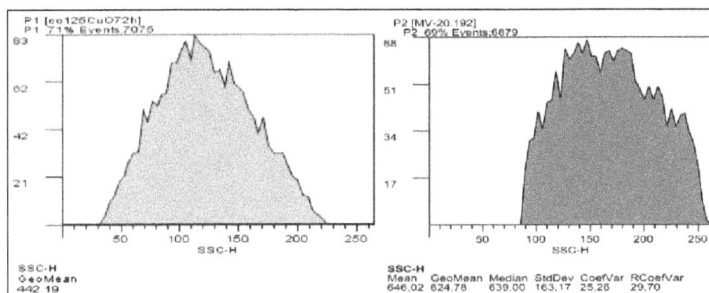

Figure 6.2.5 – Histogramme de la granulosité du
contrôle (à gauche) et 20 µM du Paraquat (à droite).

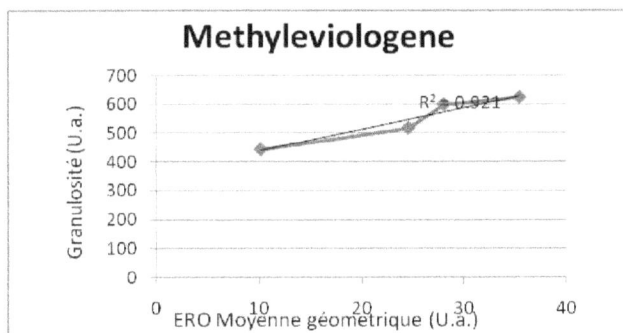

Figure 6.2.6 – Variation de la granulosité et les ERO en fonction
de la concentration en estimation mathématique linéaire.

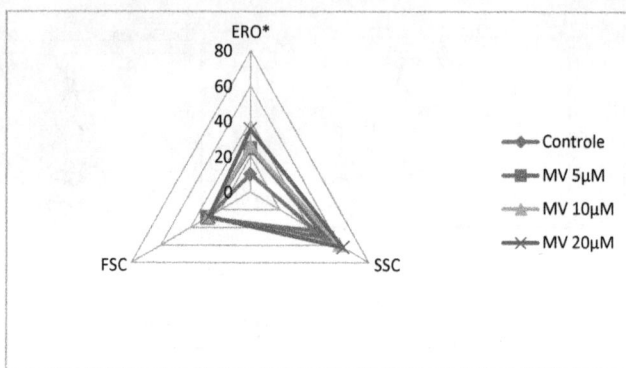

Figure 6.2.7 – Dépendance entre la taille, la granulosité et
les espèces réactives d'oxygène obtenue pour 5, 10 et 20 μM
d'exposition de *Chlorella vulgaris* à Méthyle viologène pour 30 min.
* Les valeurs obtenues en U. a. pour SSC et FSC ont été divisées à 10 pour être comparer sur un même
iagramme.

Dans des circonstances normales, la concentration de radicaux d'oxygène reste faible en raison de l'activité des enzymes de protection, y compris un superoxyde dismutase, superoxyde catalase, ascorbate de sodium et peroxydase (Asada 1984), mais en vertu des conditions soulignées imposées par des polluants physiques, chimiques et biologiques, cet équilibre peut être perturbé, ce qui provoque l'escalade des processus préjudiciables. Pour cette raison, bien qu'antioxydants, les enzymes induits par le Paraquat ne sont pas suffisants pour éliminer complètement les ERO. Ces espèces réactives d'oxygène (ERO) interagissent avec les lipides insaturés de membranes, résultant de la destruction des plantes organelles, ce qui conduit inévitablement à la mort cellulaire (Ibrahimovitch et Shapira, 2000)

6.3 Sulfate de cuivre

Le sulfate de cuivre est formé par la combinaison d'un ion cuivre (Cu^{2+}) et d'un ion sulfate (SO_4^{2-}). Il a donc pour formule $CuSO_4$ et il est très toxique pour les organismes aquatiques (marins tout particulièrement). Le sulfate de cuivre utilisé dans cette étude, c'est $CuSO_4.5H_2O$, un penta-hydrate.

La toxicité du cuivre est attribuée à la concentration en ions libres métalliques des interactions métal-organisme selon le modèle de l'activité des ions libres (MAIL) (Slaveykova et Wilkinson, 2002 ; Campbell, 1995). Le MAIL explique l'effet des métaux sur les espèces biologiques, sur la croissance du phytoplancton et le métabolisme (Slaveykova et Wilkinson, 2002). Dérivé du MAIL, le modèle du ligand biotique (MLB) tient aussi compte des propriétés de l'eau (dureté, pH, matières organiques dissoutes, concentration, etc.).

Pour les algues et des plantes supérieures, le cuivre est nécessaire à leur croissance. Cependant, à des concentrations excessives, le cuivre agit sur la réaction primaire de la photosynthèse, principalement associée au photosystème II, et affecte l'assimilation du carbone inorganique par la plante (Shioi et coll., 1978). Le cuivre inhibe la photosynthèse, mais aussi la division cellulaire. C'est ainsi que des indicateurs d'inhibition ont été développés pour mesurer l'inhibition de la croissance ou quantifier la chlorophylle. L'inhibition de la photosynthèse est liée à des processus biochimiques qui peuvent aussi être utilisés comme indicateurs de la toxicité : formation d'ATP, fixation du CO_2 (incorporation de C), production d'oxygène, etc. Les métaux comme le cuivre, l'argent ou le zinc sont des inhibiteurs de l'incorporation de manganèse dans le phytoplancton marin (Sunda et Huntsman, 1998), probablement par concurrence sur les sites membranaires ou internes impliqués dans l'homéostasie du manganèse. Le métal toxique est aussi transporté dans la cellule via le mécanisme d'incorporation du manganèse.

6.3.1 Mesures de la fluorescence Chl *a* de *Chlorella vulgaris* exposée à CuSO₄ de concentrations 5, 10 et 20 µM pendant 30 min

L'effet du cuivre a été déterminé à inhiber la photochimie primaire et le transport d'électrons par interaction au système de fractionnement de l'eau du PSII. Le site de cette interaction a été lié à l'altération des 17 et 23 KDa protéines du complexe de l'oxygène évolutif (COE) (Dewez et coll., 2007). La figure suivante montre l'effet inhibiteur du sulfate de cuivre concernant la fluorescence Chl *a* de *Chlorella vulgaris*.

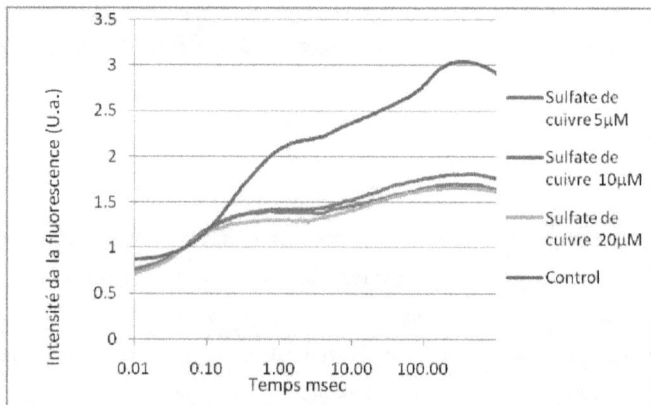

Figure 6.3.1 – Cinétique de fluorescence de *Chlorella vulgaris* en absence et en présence de CuSO₄.

Ce résultat a été interprété par une augmentation du transport cyclique d'électrons par le moins inhibé PSI (Ouzounidou et coll., 1995). Il est en effet largement accepté que le transport d'électrons en PSI est moins sensible aux inhibitions des ions métalliques en comparaison avec PSII, comme c'est également le cas pour plusieurs autres photoinhibitions comme le stress thermique. Les mesures sur le rendement quantique photochimique montrent l'inhibition du PSII.

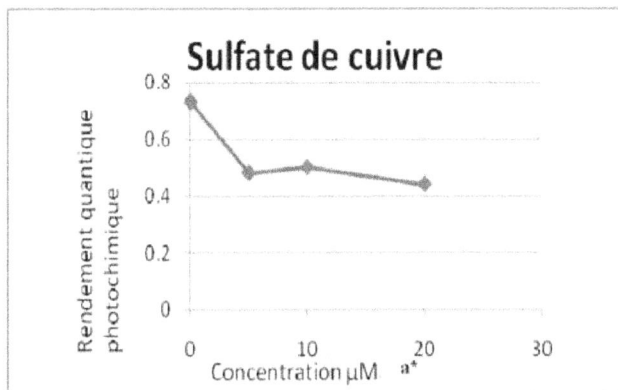

Figure 6.3.2 – Rendement photochimique quantique de *Chlorella vulgaris* en fonction de la concentration de CuSO$_4$.
a* - Les différences entre les valeurs sont trouvés importantes et les erreurs sont évalués insignifiants

Par conséquent, la réponse de PSII pour l'effet toxique de cuivre peut fournir un bio-capteur utile pour la détection de la toxicité induite par des polluants ayant méca-nismes similaires d'interaction. L'utilisation de biocapteurs fondée sur l'activité pho-tochimique de PSII représente une approche utile pour l'évaluation des risques de to-xicité des polluants dans les écosystèmes aquatiques (Marshall et coll., 2010)

6.3.2 Mesures de la formation d'espèces réactives d'oxygène

Le cuivre joue un double rôle dans le métabolisme d'organismes photosynthétiques. Il est à la fois un oligo-élément, par exemple, comme une partie importante d'oxydases afin (par exemple du cytochrome oxydase et acides aminés oxydases afin) et d'éléments participant à la chaîne de transport électrons (par exemple, la plastocyanine), mais il est également très toxique (Dewez et coll., 2007).

Cette dualité s'étend à la génération d'ERO. Ainsi, non seulement Cu est une partie importante du système réactif de balayage de l'oxygène, mais il est également en mesure de causer un stress oxydatif grâce à une augmentation de la production des ERO via ses effets toxiques sur la photosynthèse. Il peut contribuer à la formation de OH' par la *Fenton reaction* (Vranova et coll., 2002). Sur la figure 6.4.3 ci-dessous, est montrée la variation de la moyenne géométrique de FL1 sous forme d'histogramme pour le témoin (*Chlorella vulgaris*) et en présence de 5, 10 et 20 μM de $CuSO_4$.

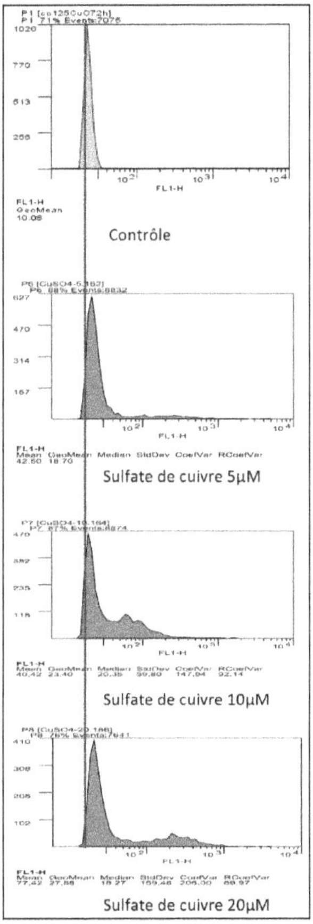

Figure 6.3.3 – Histogrammes du contrôle et population d'algues exposées à 5, 10 et 20 µM de sulfate de cuivre, pendent 30 min.

Le déplacement à droite observé, comme pour tous les contaminants considérés jusqu'à présent, indique l'accumulation d'ERO. En même temps, les résultats obtenus comme valeurs relatives de la fluorescence en verte du bio-marqueur (FL1) sont sensiblement inférieurs aux valeurs obtenues pour l'Atrazine et le Paraquat, ce qui implique un mécanisme d'interaction concernant une inhibition sur la chaîne photoélectronique du PSII plutôt que PS I. La figure 20 montre les valeurs de geo-mean de FL1 pour chaque concentration (5, 10 et 20 µM) de $CuSO_4$ et le témoin.

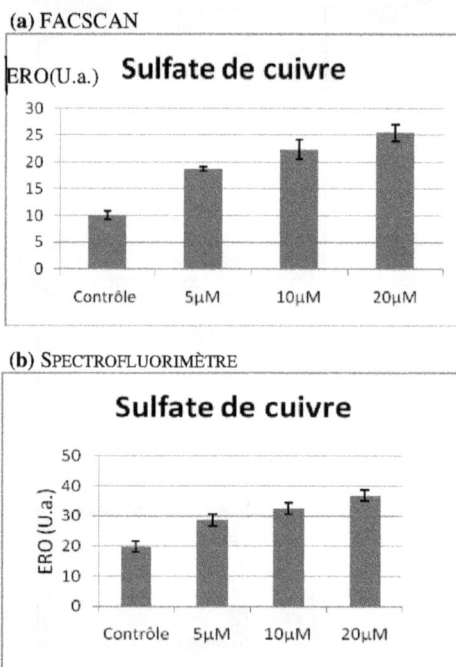

(a) FACSCAN

(b) SPECTROFLUORIMÈTRE

Figure 6.3.4 – Variation de la fluorescence en vert pour le témoin
et les concentrations Sulfate de cuivre de 5, 10 et 20µM.

Les mesures (a) sont effectuées sur cytomètres de flux (FacsVantage, Becton-Dickinson, USA) équipés d'un laser d'argon (d'excitation à 488 nm) pour une durée de 30 min d'exposition, à température ambiante de $25°$ C et pour 10^6 cellules par ml. Les mesures (b) sont sous les mêmes conditions, mais prises sur Spectrofluorimètre.

Les mesures sur la granulosité montrent une augmentation par rapport au témoin, une augmentation présentée sur les histogrammes suivants :

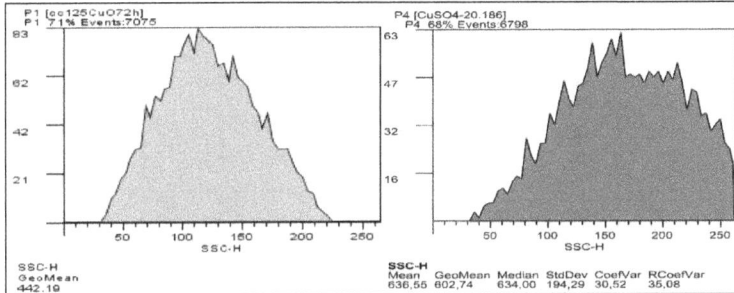

Figure 6.3.5 – Histogrammes de la granulosité (SSC) du témoin
(à gauche) et en présence de 20µM CuSO4 (à droite).

La concentration de chlorophylle *a* a été montrée pour avoir une relation positive avec la densité des cellules. Cependant, malgré sa diminution provoquée de l'inhibition induite par différents contaminants, la granulosité cellulaire a été trouvée croissante à cause probablement de l'accumulation des protéines de stress générées par le système antioxydant des algues pour combattre l'ERO. De même, la taille cellulaire trouvée par mesures cytofluorimétriques a été trouvée décroissante en fonction de l'augmentation de la production des ERO. Ces résultats ne sont pas en contradiction avec ceux obtenus pour l'évolution des facteurs SSC et FSC, lors de traitement avec l'Atrazine et Paraquat.

Sur les figures ci-dessous sont présentées les évolutions de ces paramètres en fonction des ERO.

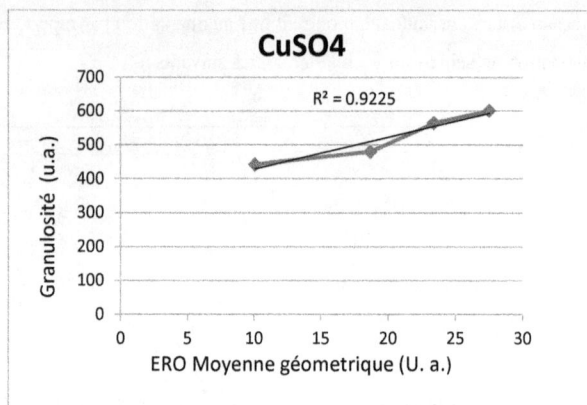

Figure 6.3.6 – Approximation linéaire de granulosité
et les ERO en fonction de la concentration de CuSO$_4$.

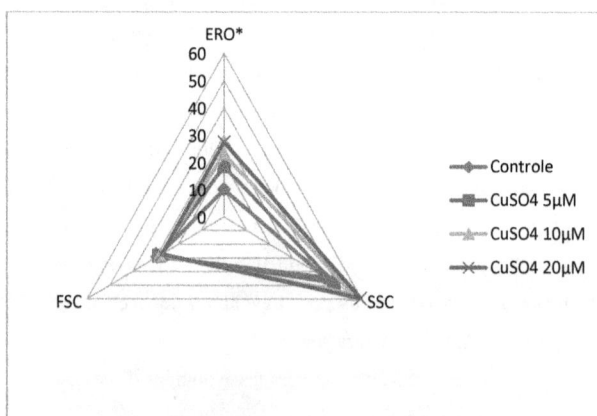

Figure 6.3.7 – Dépendance entre la taille, la granulosité et les espèces
réactives d'oxygène obtenue pour 5, 10 et 20 µM; exposition de
Chlorella vulgaris au sulfate de cuivre pour 30 min.
* Les valeurs obtenues en U. a. pour SSC et FSC ont été divisées à 10 pour être comparer sur un même
diagramme.

Les résultats obtenues suggèrent des changements morphologiques similaires concernent les facteurs SSC et FSC lors même d'une court inhibition avec des xéno-biotiques

6.4 Bichromate de potassium, $K_2Cr_2O_7$

Le chrome existe normalement dans des états d'oxydation allant de chrome (II) au chrome (VI). Seules les formes trivalentes (III) et six valentes (VI) du chrome sont d'importance biologique. Les composés Cr(VI) sont plus toxiques et carcinogènes que Cr(III) parce que Cr(VI), au contraire de Cr(III), peut facilement traverser les membranes cellulaires via les transporteurs d'anions non spécifiques. Chez les algues, Cr(VI) provoque de graves dommages pour les cellules vivantes et induit une inhibition de la croissance (Shanker et coll., 2005) et une mutation de l'ADN.

6.4.1 – Mesures de la fluorescence de la Chl *a* et le rendement quantique photochimique en présence de $K_2Cr_2O_7$

La fluorescence Chl a de *Chlorella vulgaris* a été évaluée en présence des ions Cr(IV) sous forme de $K_2Cr_2O_7$ en concentration 5, 10 et 20μM. La figure suivante présente les courbes de la fluorescence pour chaque concentration de 5 à 20 μM comparées au témoin :

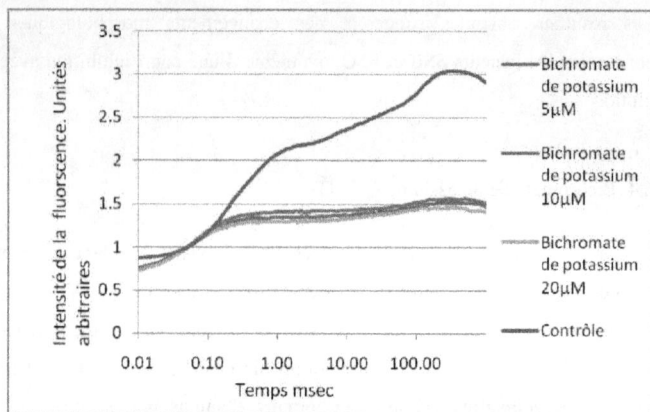

Figure 6.4.1 – Fluorescence chlorophyllienne de la *Chlorella vulgaris* et en présence de 5, 10 et 20 µM de $K_2Cr_2O_7$

Une baisse considérable de la fluorescence par rapport au témoin et parmi les différentes concentrations a été observée. Ainsi, l'évaluation du rapport Fv/Fm montre une diminution du rendement photochimique.

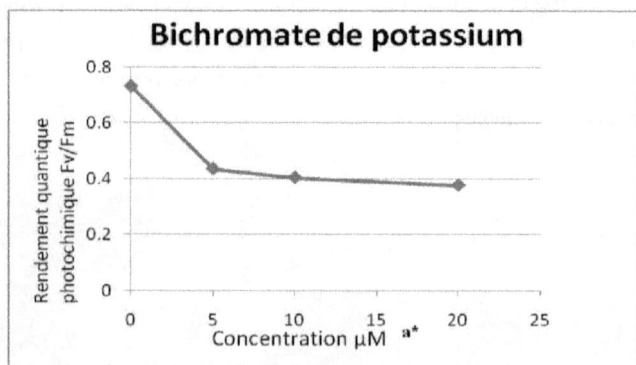

Figure 6.4.2 – Variation de rendement photochimique quantique en fonction de la concentration de $K_2Cr_2O_7$.

a* - Les différences entre les valeurs sont trouvés importantes et les erreurs sont évalués insignifiants

Certains polluants, comme les métaux lourds réduisent la photosynthèse en affectant le complexe de récolte de la lumière (LHC) (*light harvesting complex*), le complexe de dégagement de l'oxygène (CDO), le complexe cytochrome, la plastoquinone, la plastocyanine, la ferrodoxine et le NADP$^+$. Certains d'entre eux, y compris le Cr, sont susceptibles de substituer l'atome central de Mg^{2+} dans la molécule de la chlorophylle, ce qui entraîne une diminution de rendement quantique photochimique et généralement une baisse de la fluorescence (Sunda et Huntsman, 1998). Les perturbations dans l'intégrité de la membrane, ou la présence de conditions qui nuisent à la cellule sans perturber son intégrité morphologique entraînent une réduction ou le manque de fluorescence.

6.4.2 Mesures de la FL1 et production d'ERO en présence de $K_2Cr_2O_7$

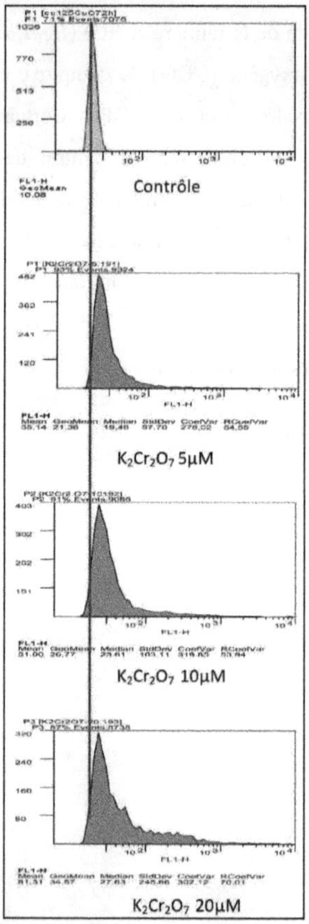

Figure 6.4.3 – Histogrammes du témoin et en présence de 5,10 et 20 μM $K_2Cr_2O_7$.

Par conséquent, l'accumulation intracellulaire rend la valeur de DCF comme un indicateur utile de l'intégrité et de l'activité cellulaire. Ainsi, à l'aide de mesures sur FL1 (la fluorescence de DCF), on peut évaluer la toxicité de Cr et la comparer avec

celle des autres métaux contaminants considérés dans cette étude (le Cu et l'Ag). Et
tout comme les résultats obtenus jusqu'à présent, le déplacement à droite vers les
valeurs croissantes de FL1 est observé.

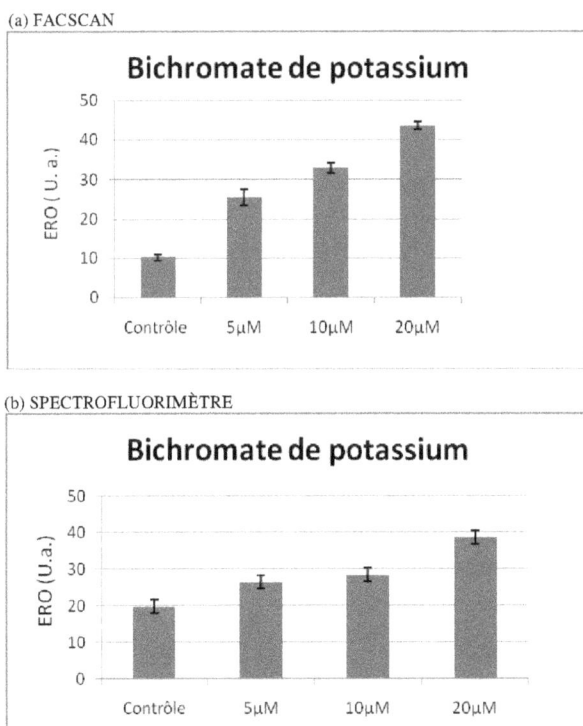

(a) FACSCAN

(b) SPECTROFLUORIMÈTRE

Figure 6.4.4 – Variation de la fluorescence en vert (FL1), respectivement l'accumultion des ERO
pour le témoin
et les concentrations de bichromate de potassium de 5, 10 et 20µM.

Les mesures (a) sont effectuées sur cytomètres de flux (FacsVantage, Becton-
Dickinson, USA) équipés d'un laser d'argon (d'excitation à 488 nm) pour une durée

de 30 min d'exposition, à température ambiante de 25° C et pour 10^6 cellules par ml. Les mesures (b) sont sous les mêmes conditions, mais prises sur Spectrofluorimètre.

Les valeurs trouvées pour la moyenne géométrique de FL1 sont supérieures par rapport à celles trouvées pour le cuivre et l'argent, indiquant une toxicité plus grande de Cr par rapport l'Ag et le Cu. La granulosité a été trouvée croissante, indiquant l'activation du système antioxydant cellulaire.

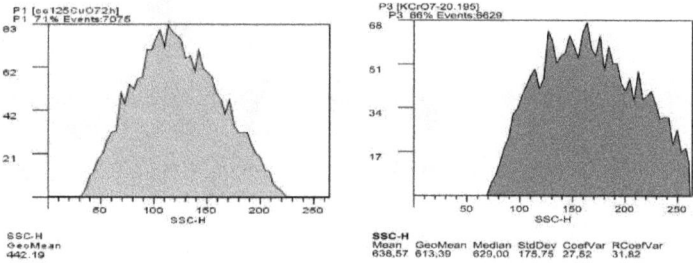

Figure 6.4.5 – Histogrammes de granulosité du témoin
(à gauche) et 20 µM K$_2$Cr$_2$O$_7$ (à droite) respectivement.

Une approximation linéaire de la variation des valeurs de la granulosité par rapport aux ERO trouvées pour les concentrations examinées de 5, 10 et 20µM et le témoin est présentée dans la figure suivante :

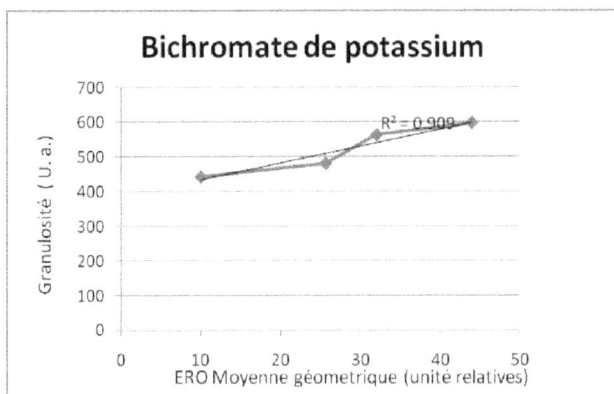

Figure 6.4.6 – Variation de la granulosité (valeurs relatives) en fonction des ERO de bichromate de potassium utilisées avec une rapproche linéaire.

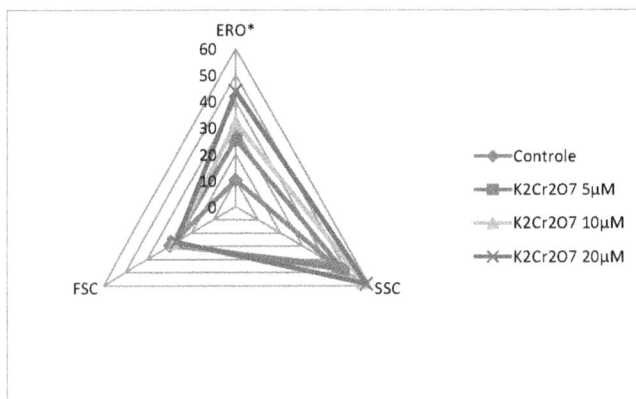

Figure 6.4.7 – Dépendance entre la taille, la granulosité et les espèces réactives d'oxygène obtenue pour 5, 10 et 20 μM ; exposition de *Chlorella vulgaris* à bichromate de potassium pour 30 min.
* Les valeurs obtenues en U. a. pour SSC et FSC ont été divisées à 10 pour être comparer sur un même diagramme.

6.5 Nitrate d'argent AgNO$_3$

L'ion d'argent est l'un des plus toxiques ions métalliques pour les organismes photo-synthétiques. Cependant, il n'y a pas beaucoup de données toxicologiques traitant de l'effet toxique de l'argent. La toxicité de l'argent dans le milieu aqueux dépend de la concentration des ions libres actifs (Slaveykova et coll., 2002). L'accumulation d'argent a été considérée comme due à l'adsorption à la surface de la cellule plutôt qu'à l'absorption à l'intérieur. Il est connu aussi que la réactivité des métaux est forcément liée à leur degré d'oxydation (comme CrIII et CrVI, respectivement). Le stress oxydatif chez les algues est lié à l'accumulation d'ERO. Mais même d'avoir un système enzymatique efficace de protection contre l'ERO la capacité anti-oxydante des cellules n'est pas suffisant en cas d'excès d'ions métalliques actifs.

6.5.1 Mesures de la fluorescence chlorophyllienne

Tout comme pour les autres polluants considérés dans cette étude, des mesures sur la fluorescence Chl a ont été prises sous les mêmes conditions :

(1) 10^6 nombre de cellules par ml examinées.

(2) 30 min d'exposition de *Chlorella Vulgaris* à AgNO$_3$, concentrations de 5, 10 et 20 μM sous illumination.

(3) 15 min d'adaptation en obscurité pour que les centres réactionnels deviennent complètement ouverts (oxydés) avant chaque mesure.

Les résultats présentés sur la figure suivante montrent l'effet inhibiteur des ions d'argent sur la photochimie de PSII, exprimé par une baisse de rendement dans la chaîne de transport d'électrons et une probable diminution des centres réactionnels actifs :

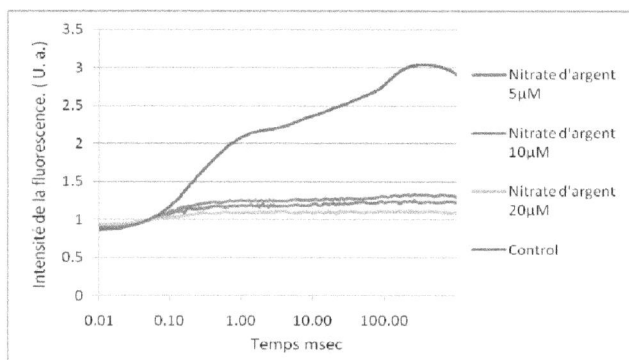

Figure 6.5.1 – cinétique de fluorescence de *Chlorella vulgaris*
et en présence de nitrate d'argent de 5, 10 et 20 µM.

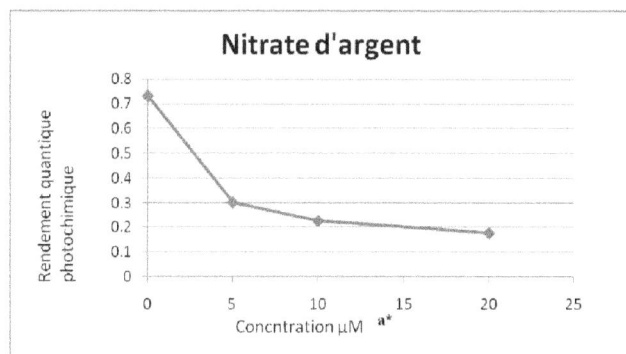

Figure 6.5.2 – Variation du rapport quantique photochimique Fv/Fm
pour le contrôle et en présence d'AgNO₃ de concentrations de 5 à 20µM.
a* - Les différences entre les valeurs sont trouvés importantes et les erreurs sont évalués insignifiants

Les données montrent une baisse du rapport Fv/Fm de plus de 4 fois par rapport au témoin pour la concentration la plus élevée de 20µM, ce qui pourrait être interprété, probablement, par une inhibition au niveau du transport d'électrons de PSII à PSI.

6.5.2 Mesures de la FL1 et l'accumulation d'ERO en présence de nitrate d'argent

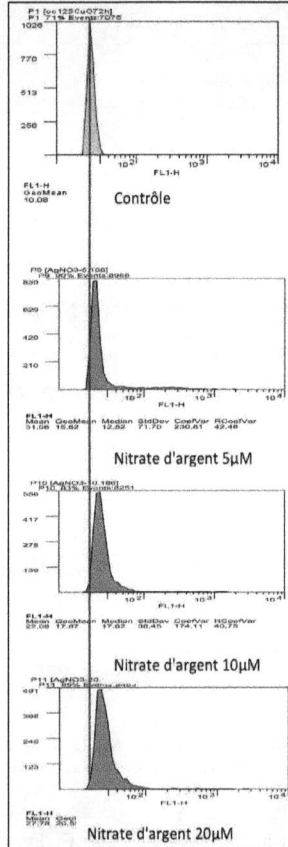

Figure 6.5.3 – Histogrammes du témoin et ceux avec 5, 10 et 20µM de AgNO₃.

Les valeurs en unités relatives de la moyenne géométrique de FL1 sont présentées ci-dessous :

(a) FACSCAN

(b) SPECTROFLUORIMÈTRE

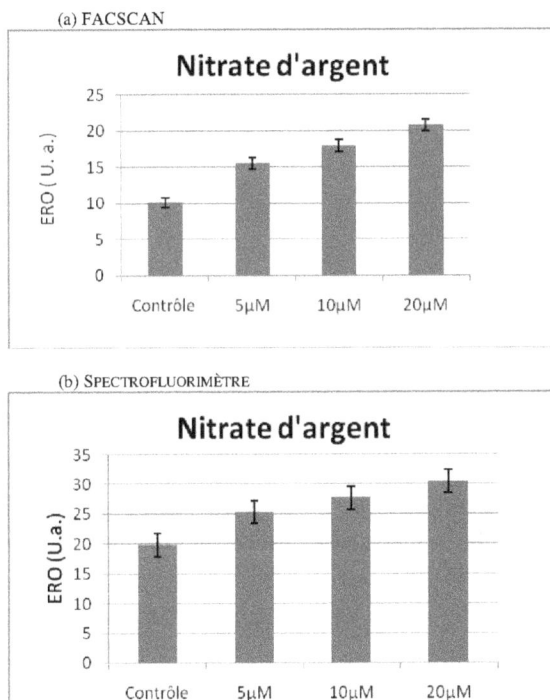

Figure 6.5.4 – Variation des ERO pour
le témoin et les concentrations de $AgNO_3$ de 5, 10 et 20µM.

Les mesures (a) sont effectuées sur cytomètres de flux (FacsVantage, Becton-Dickinson, USA) équipés d'un laser d'argon (d'excitation à 488 nm) pour une durée de 30 min d'exposition, à température ambiante de 25° C et pour 10^6 cellules par ml. Les mesures (b) sont sous les mêmes conditions, mais prises sur Spectrofluorimètre.

Les valeurs trouvées pour la FL1 de fluorescéine di-acétate lors de l'exposition à $AgNO_3$ sont inférieures par rapport à celles déterminées pour les deux autres ions métalliques dans ce travail (Cu^{2+} et Cr^{6+}), et l'augmentation de la granulosité a été estimée moins importante par rapport à celle observée chez $CuSO_4$ et $AgNO_3$, ce qui suggère moins de protéines de stress produites par le système antioxydant cellulaire.

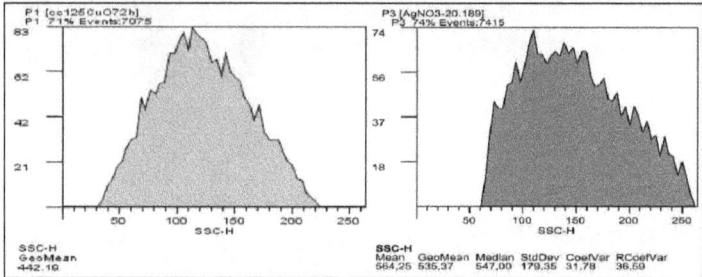

Figure 6.5.5 – Histogrammes de la granulosité du témoin (à gauche)
et en présence de 20µM de nitrate d'argent (à droite).

Comme dans tous les cas explorés jusqu'à présent, la dépendance entre FL1 (fluorescence en vert du marqueur-DCF indiquant l'accumulation d'ERO), FSC (taille cellulaire) et SSC (granulosité) a été trouvée positive entre SSC et FL1, et négative entre FL1 et FSC. Les graphiques sont présentés ci-dessous sur les figures 6.6.6 et 6.6.7 respectivement.

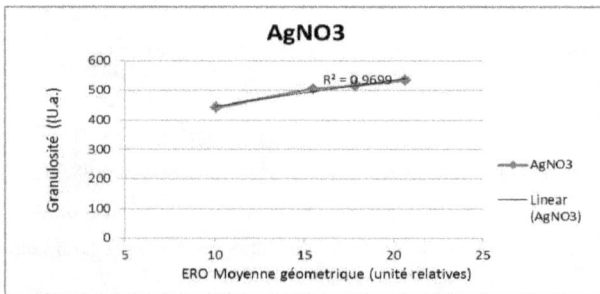

Figure 6.5.6 – Approximation linéaire de la variation de la granulosité
et les ERO en fonction de la concentration de $AgNO_3$.

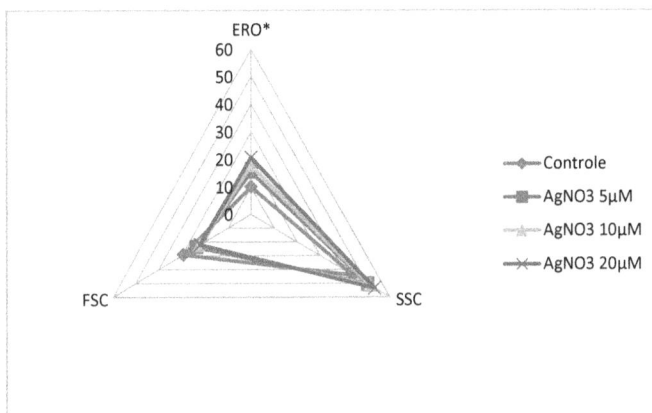

Figure 6.5.7 – Dépendance entre la taille, la granulosité et les espèces
réactives d'oxygène obtenue spour 5, 10 et 20 µM exposition de
Chlorella vulgaris à nitrate d'argent pour 30 min.
* Les valeurs obtenues en U. a. pour SSC et FSC ont été divisées à 10 pour être comparer sur un même
diagramme.

Les résultats obtenus montrent tout comme dans le cas des contaminants
précédemment considérés la dépendance entre ces trois paramètres – la SSC trouvé
croissante avec l'accumulation des ERO et la taille cellulaire FSC trouvée
décroissante avec les ERO – respectivement avec l'augmentation de la concentration
de nitrate d'argent.

6.6 Sulfaméthazine

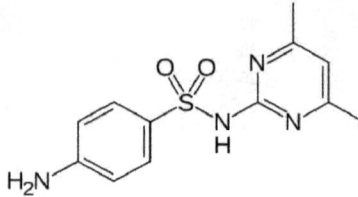

Fig. 6.6 Structure chimique de Sulfaméthazine

Les sulfamides sont synthétiques, bactériostatiques, des agents antimicrobiens avec un large spectre d'activité antibactérienne gram positives et englobant la plupart gram négatives de nombreux organismes. Ils sont largement utilisés à des fins thérapeutiques et de prophylaxie des maladies des animaux.

Il a été démontré que le mécanisme toxique d'antibiotiques pour les algues bleu-vert (cyanobactéries) peut être via l'ingérence de la synthèse des protéines (par exemple, le chloramphénicol) et la réplication de l'ADN (par exemple, les quinolones), mais chez les algues vertes, les effets toxiques sont imputables pour la plupart à l'inhibition de la photosynthèse impliquée dans le métabolisme (Isidori et coll., 2005). Étant donné que les algues vertes sont des organismes eucaryotes et que le chloroplaste dans les algues vertes appartient au semi-autonome organite, les effets toxiques des antibiotiques pour les algues vertes pourraient être liés à l'inhibition et à l'ingérence des chloroplastes métabolisant (comme le processus photosynthétique et interdépendant synthétisant des protéines) qui perturbent la fonction de l'appareil photosynthétique et qui, enfin, affectent la croissance des cellules (Bradel et coll., 2000).

6.6.1 Mesures de la fluorescence chlorophyllienne

Des mesures sur la fluorescence chlorophyllienne ont été menées à la température ambiante avec un fluorimètre portable Plant Efficiency Analyser (PEA, Hansatech Instruments Ltd) utilisé pour tous les contaminants considérés dans ce travail. Pour les antibiotiques examinés dans la recherche présente (Sulphaméthazine et Gentamicine), on a exploré une vaste gamme de concentrations d'inhibition allant de 0,1 à 100 μM afin d'évaluer les valeurs de la demi-concentration efficace EC_{50} pour une courte durée d'exposition de 30 min. La figure suivante montre l'effet inhibiteur de sulphaméthazine pour chaque concentration utilisée :

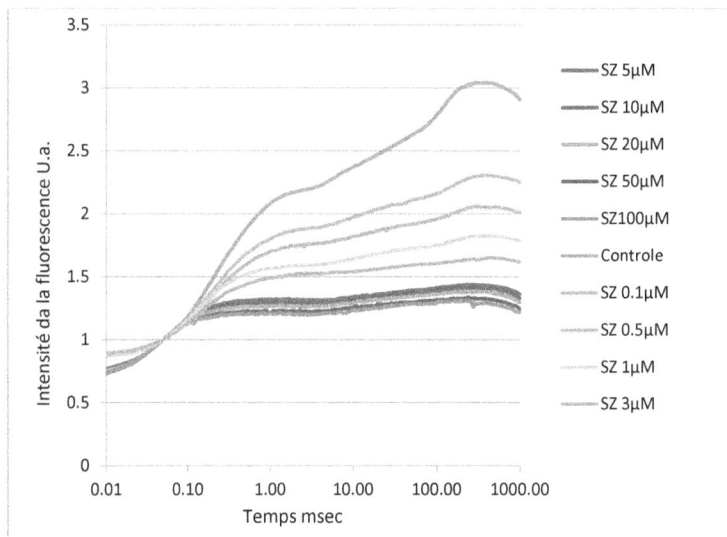

Figure 6.6.1 – Fluorescence chlorophyllienne de *Chlorella vulgaris* en présence de sulfaméthazine à concentrations de 0.1, 0.5, 1, 3, 5, 10, 20, 50 et 100 μM.

Les mesures effectuées sur le rendement photochimique montrent une baisse du rapport Fv/Fm et par conséquent, le flux de transport d'électrons par centre réactionnel décroit. Pour les mesures du rapport Fv/Fm on a pris par considération seulement le contrôle et les concentrations de 5, 10 et 20µM, pour que les résultats soient comparables avec celles des autres contaminants explorés dans cette étude.

La figure suivante représente la variation du rendement photochimique pour le témoin *Chlorella vulgaris* et en présence de sulfaméthazine de concentrations 5, 10 et 20µM :

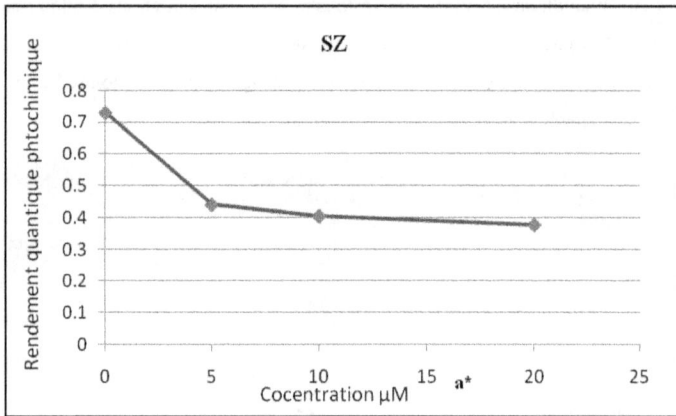

Figure 6.6.2 – Variation du rapport Fv/Fm de la fluorescence de *Chlorella vulgaris* en présence de sulfaméthazine de concentration de 5, 10 et 20 µM.
a* - Les différences entre les valeurs sont trouvés importantes et les erreurs sont évalués insignifiants

Une simulation Dose –Réponse sigmoïdale d'après Esther van der Grinten et coll., 2010, a été effectuée, afin de détérminer les valeurs de EC50 – la demi-concentration d'inhibition de Sulfaméthazine et de la comparer plus loin avec celle de Gentamicine. La valeur de celle dérnière a été trouvée 4.13µM.

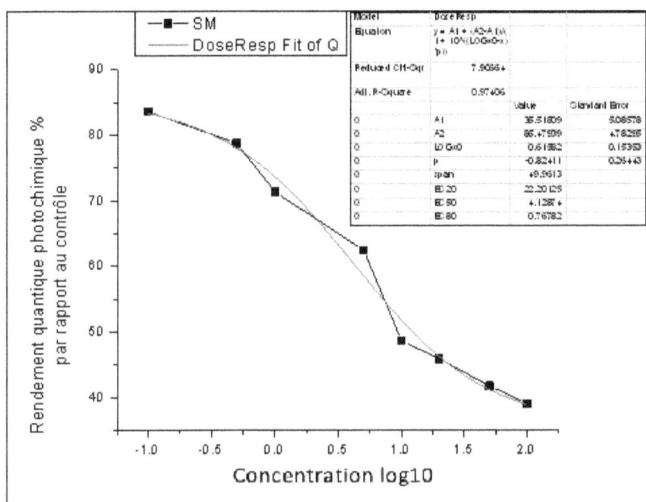

Figure 6.6.3 – Simulation Dose-réponse sigmoïdale pour
déterminer la valeur de EC50, la demi-concentration d'inhibition
(la concentration où est atteinte la moitié de l'inhibition maximale).

6.6.2 Mesure de la production d'ERO

En raison de la diminution de l'énergie requise pour la photochimie primaire et le transport d'électrons, lors du traitement avec sulfaméthazine, une grande quantité du superflu d'énergie lumineuse ne peut être libérée que par dissipation de chaleur.

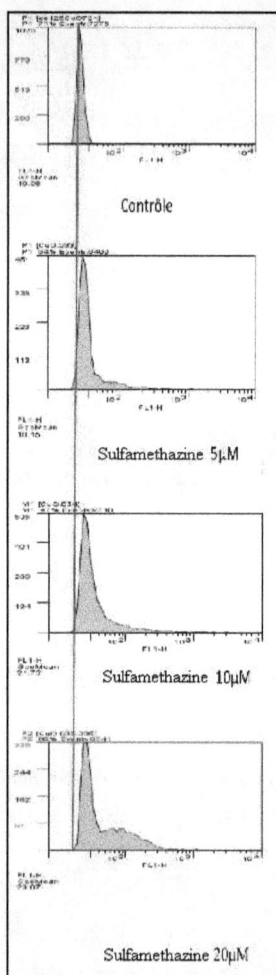

Figure 6.6.4 – Histogrammes du contrôle et 5, 10 et 20µM de Sulfaméthazine.

Les histogrammes obtenus préservent leur allure par rapport à l'augmentation de la moyenne géométrique et le déplacement vers la droite comparativement au contrôle

(a) FACSCAN

(b) SPECTROFLUORIMÈTRE

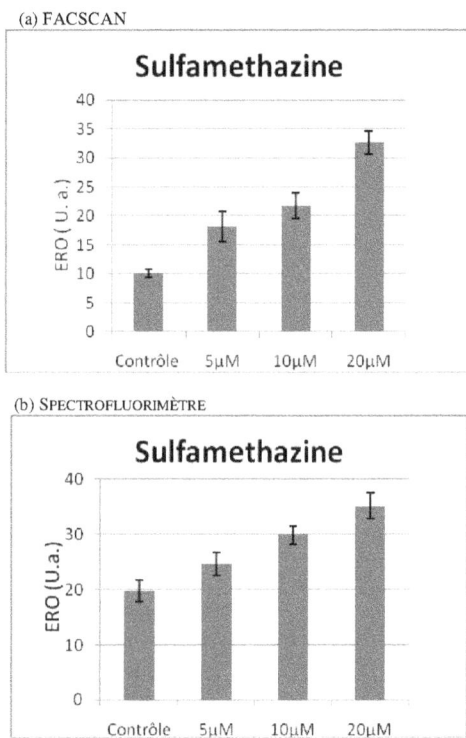

Figure 6.6.5 – Variation de la fluorescence en verte (ERO) pour
le témoin et les concentrations de SZ de 5, 10 et 20 µM.

Par les deux appareils – FACSCAN et spectrofluorimètre on a constaté, tout comme
pour autres xéno-biotiques l'accumulation des espèces réactives de l'oxygène

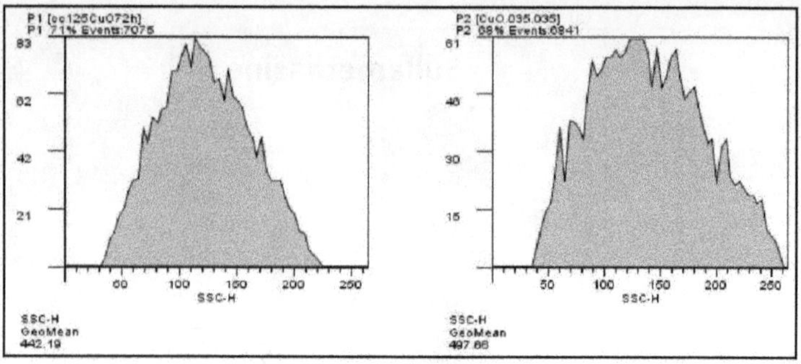

Figure 6.6.6 – Histogrammes de la granulosité
pour le témoin et 20 µM, concentration de SZ.

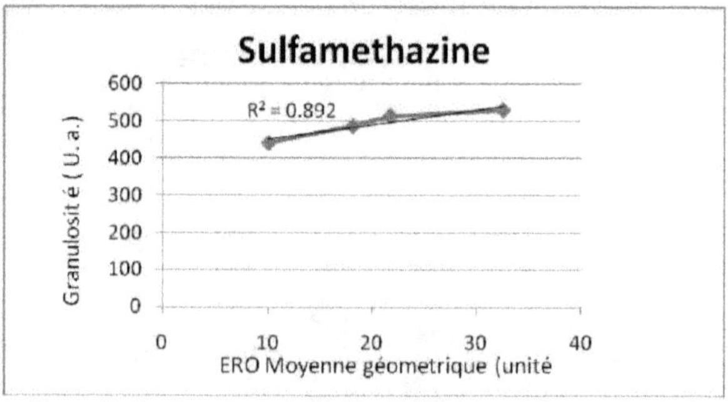

Figure 6.6.7 – Approximation linéaire de la variation de la granulosité
et les ERO en fonction de la concentration de sulfaméthazine.

La granulosité a été trouvée augmentant, ainsi que le FSC diminuant en fonction de l'accumulation des ERO, respectivement la concentration de SZ. Le graphique est présenté sur la figure 6.7.8

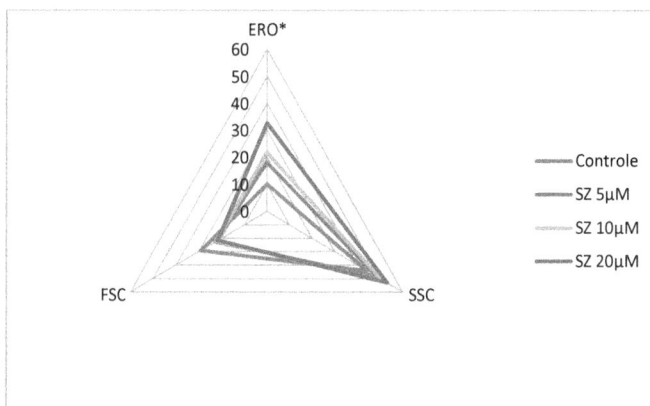

Figure 6.6.8 – Dépendance entre la taille, la granulosité et les espèces
réactives d'oxygène obtenues pour 5, 10 et 20 μM d'exposition
de *Chlorella vulgaris* à SZ pour 30 min.
* Les valeurs obtenues en U. a. pour SSC et FSC ont été divisées à 10 pour être comparer sur un même
diagramme.

L'accumulation des ERO dans le cas de SZ (sulfamethazine) a été trouvée presque
deux fois moins importante par rapport à celle lors du traitement avec GM
(gentamicine), comme on pourrait le constater dans le paragraphe suivant de ce
travail, ainsi que l'EC_{50} (EC50 de SZ évaluée à 4.13μM vs 2.21μM pour le GM), ce
qui implique probablement une relation étroite entre l'inhibition de l'appareil
photochimique et l'accumulation des ERO.

6.7 Gentamicine

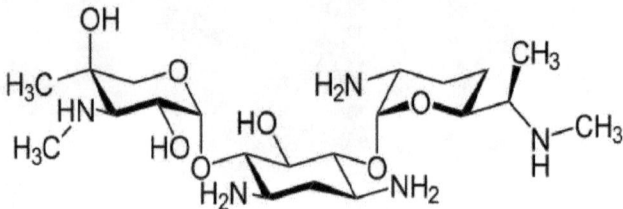

Fig. 6.7 Structure chimique de Gentamicine

L'aminoglycosidique gentamicine est un antibiotique utilisé pour traiter de nombreux types d'infections bactériennes, en particulier celles causées par des organismes gram-négatifs.

6.7.1 Mesures de la fluorescence chlorophyllienne

Les mesures faites sur la fluorescnc CHl *a*, ainsi que l'estimation de la variation du rapport Fv/Fm (Quenching photochimique), montrent l'effet inhibiteur du GM, qui commence se révéler, à très faibles concentrations (10^{-7}M).

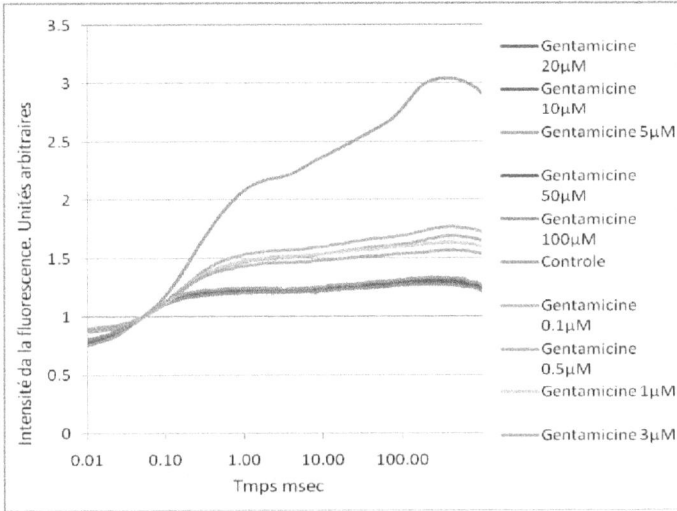

Figure 6.7.1 – Fluorescence de *Chlorella vulgaris* et en présence de Gentamicine
à des concentrations de 0,1, 0,5, 1, 3, 5, 10, 20, 50 et 100 µM.

Tout comme dans le cas de Sulfamethazine des concentrations allant de 0.1 à 100µM ont été investiguées pour déterminer la valeur d'EC$_{50}$. De même pour l'estimation de la variation du rendement quantique photochimique maximal on n'a considéré que les trois concentrations principales de 5, 10 et 20µM abordées dans cette étude (sauf l'Atrazine qui est en µg/l), pour que les résultats puissent être comparés.

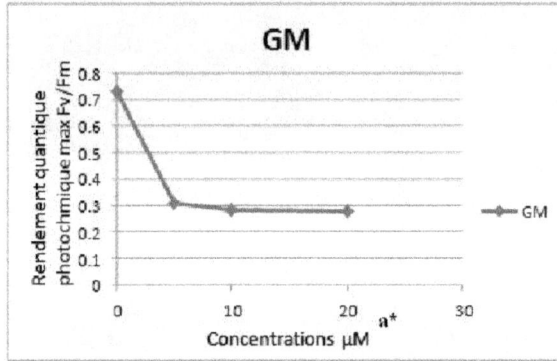

Figure 6.7.2 – Rendement quantique photochimique de *Chlorella vulgaris* en présence de 5, 10 et 20 µM de Gentamicine.
a* - Les différences entre les valeurs sont trouvés importantes et les erreurs sont évalués insignifiants

Du même la demi-concentration d'inhibition EC50 a été trouvée, presque deux fois plus faible en comparaison, celle déterminée pour le SZ. La simulation Dose-réponse, (d'après Van der Grinten et coll., 2010), utilisée pour l'évaluation de EC50 est présntés sur la figure 6.7.3 Tout c'est résultats suggèrent une grande susceptibilité de *Chlorella vulgaris* envers le Gentamicine.

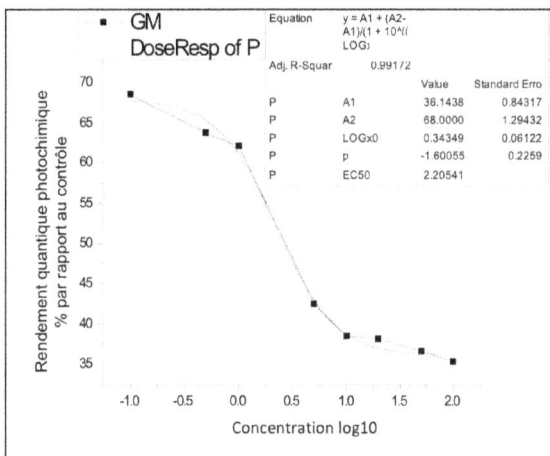

Figure 6.7.3 – Simulation sigmoïdale Dose-réponse du rendement
quantique photochimique par rapport au contrôle (en %) en fonction
de log10 des concentrations appliquées pour évaluer EC50.

La concentration EC50, où est atteinte la moitié d'inhibition maximale a été trouvée
2.21μM, après une simulation dose-réponse, selon l'équation Y = Bottom + (Top–
Bottom)/(1 + 10^((Log EC50 – X) * HillSlope)).

6.7.2 Mesure de la production d'ERO

Comme dans tous les cas de polluants examinés dans cette étude le déplacement de
pics a été observé par rapport au contrôle, ainsi qu'une augmentation
considérablement importante de la moyenne géométrique, en comparaison pas
seulement avec le SZ, mais aussi avec tous les autres contaminants considérés. Ces
résultats sont présentés sur la figure ci-contre :

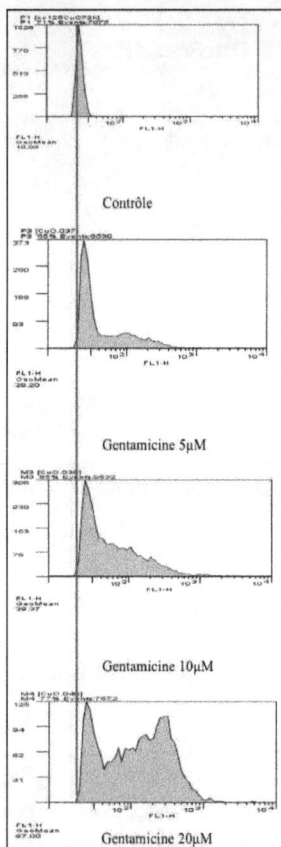

Figure 6.7.4 – Histogrammes du contrôle et en
présence de Gentamicine de 5, 10 et 20.

Dans le cas de Gentamicine sur les histogrammes est évident pas seulement le
déplacement du pic à droite comme dans tous les xéno-biotiques, mais aussi
l'apparition d'un deuxième pic pour 20 µM de traitement avec GM ainsi qu'une

augmentation considérable de la moyenne géométrique, correspondant à une intense production d'ERO.

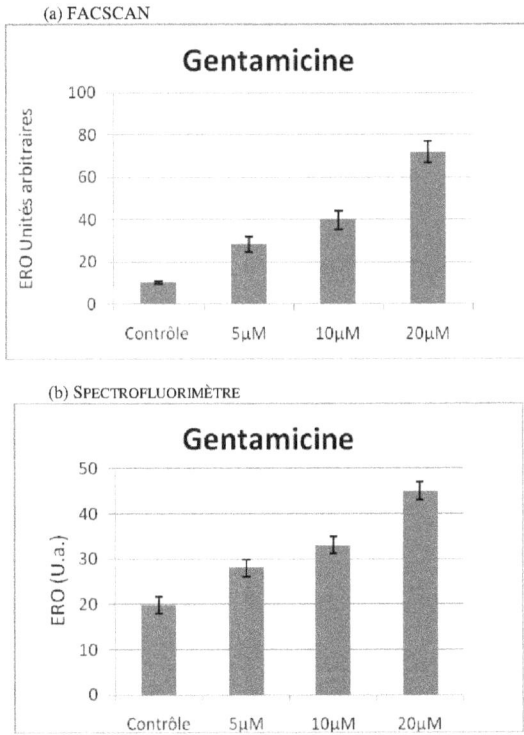

(a) FACSCAN

(b) SPECTROFLUORIMÈTRE

Figure 6.7.5 – Valeurs du FL1 (moyenne géométrique, unités relatives) trouvées par cytomètre de flux FACSCAN (a) et spectrofluorimètre (b).

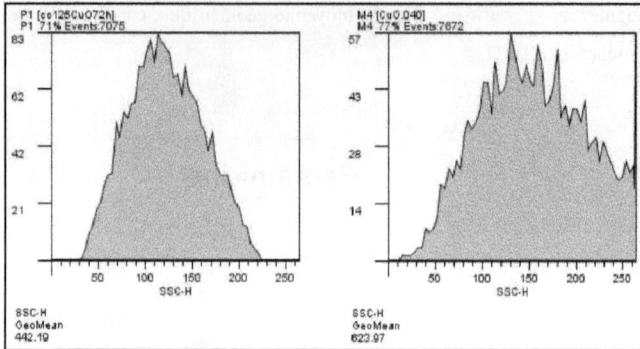

Figure 6.7.6 – Histogrammes de la granulosité
du témoin (a) et 20 µM de Gentamicine (b).

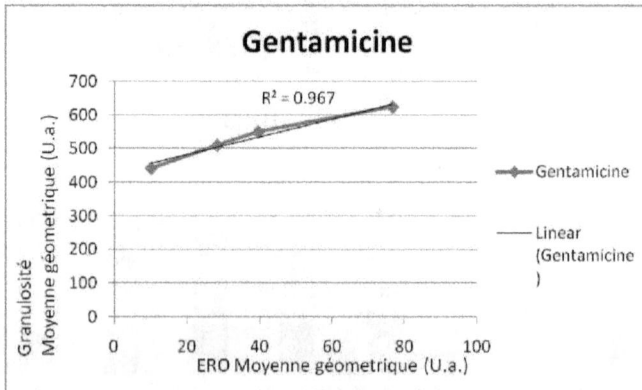

Figure 6.7.7 – Approximation linéaire de la variation de la granulosité
en fonction des ERO, pour différentes concetrations concentration de Gentamicine.

Des évidences expérimentales suggèrent que les stress oxydatif et nitrosatif, jouent un rôle important dans la néphrotoxicité de GM (Kuhad et coll., 2006). Les résultats de la même étude démontrent clairement le rôle essentiel des espèces réactives de l'oxygène dans les mécanismes de la toxicité de GM.

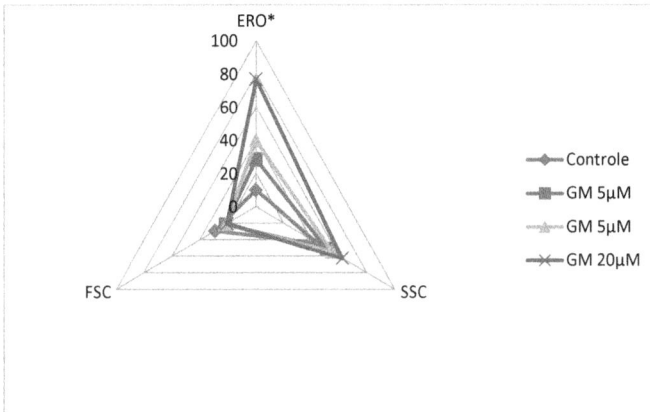

Figure 6.7.8 – Approximation linéaire de la variation de la granulosité
et les ERO en fonction de la concentration de Gentamicine.
* Les valeurs obtenues en U. a. pour SSC et FSC ont été divisées à 10 pour être comparer sur un même
diagramme.

Nos résultats obtenus pour les ERO, la granulosité et FSC dans les cas de gentamicine, comparé aux autres xéno-biotiques examinées dans cette étude, démontrent un effet inhibiteur de GM exceptionnel sur l'appareil photosynthétique (EC_{50} trouvée 2.2 µM) et une génération des ERO très importante causant un stress oxydatif.

CHAPITRE VII

CONCLUSIONS

- Une estimation de l'effet toxique et inhibiteur des contaminants Atrazine, Paraquat (Méthyle viologène), Sulfate de cuivre, Bichromate de potassium, Nitrate d'argent, Sulphaméthazine et Gentamicine sur l'algue verte *Chlorella vulgaris* a été faite à partir de l'évaluation des paramètres de la fluorescence chlorophyllienne afin d'évaluer le comportement et la réponse du PSII, ainsi que la fluorescence FL1 de DCF due à la génération des espèces réactives d'oxygène produites lors du stress oxydatif causé par les polluants cités.

- L'algue verte *Chlorella vulgaris* utilisée dans ce travail est caractérisée par sa grande sensibilité et sa réponse rapide à des inhibiteurs et ions métalliques, même à de faibles concentrations et à courtes durées d'exposition, démontrées dans l'étude présente.

- Les résultats obtenus montrent l'effet toxique de chacun des contaminants explorés, en essayant de donner une vision sur les mécanismes particuliers d'intervention sur PSII et la génération des ERO.

- Pour tous les polluants, on a trouvé un effet inhibiteur sur la chaîne du transport d'électrons du PSII, manifesté par une baisse de la fluorescence Chl *a* et le rendement quantique photochimique maximale Fv/Fm en différents degrés pour les différents polluants (Fig. A-1).

- Pour les antibiotiques examinés dans la recherche présente (Sulphaméthazine et Gentamicine), on a exploré une vaste gamme de concentrations d'inhibition allant de 0,1 à 100 µM afin d'évaluer les valeurs de la demi-concentration efficace EC_{50}

pour une courte durée d'exposition de 30 min. Les résultats obtenus montrent une grande susceptibilité de l'algue verte explorée *Chlorella vulgaris* envers les deux antibiotiques où l'effet inhibiteur sur le PSII évalué par des mesures faites sur la fluorescence chlorophyllienne a commencé à se révéler à très faibles concentrations de l'ordre de 10^{-7}M. Les valeurs trouvées de EC50 après une simulation sigmoïdale dose-réponse selon l'équation $Y = Bottom + (Top–Bottom)/(1 + 10^{\wedge}((Log\ EC50-X) * HillSlope))$ d'après Esther van der Grinten et coll., 2010, sont de 2.21µM pour le gentamicine et de 4.12 µM pour le sulphaméthazine respectivement (Fig. A-2).

• Pour tous les polluants, on a constaté l'accumulation d'espèces réactives d'oxygène lors de l'exposition de *Chlorella vulgaris* à des contaminants, même sous de faibles concentrations (5, 10 et 20 µM) et pour une courte période de temps (30 min) (Fig. A-5, A-6).

• Pour toutes les contaminants, on a observé une augmentation de la granulosité (SSC) en fonction de l'accumulation d'ERO (approximation linéaire), probablement dues à l'accumulation des formations auto-phagosomes, suite à une altération dans la morphologie et la complexité des algues, causée par le stress oxydatif subit, lors du traitement de *Chlorella vulgaris* avec les xéno-biotiques examinées (Fig. A-3).

• Dans l'étude présente une estimation simultanée de l'évolution de l'inhibition de l'appareil photochimique de *Chlorella vulgaris* concernant PSII, ainsi que l'accumulation des espèces réactives d'oxygène a été effectuée. Les résultats démontrent une relation étroite entre l'inhibition de PSII et la production des ERO, impliquant la diminution du facteur Fv/Fm (le quenching photochimique maximal) caractéristique de PSII en fonction de la génération des ERO, respectivement l'augmentation de concentrations des xéno-biotiques appliqués (Fig. A-4)

APPENDICE

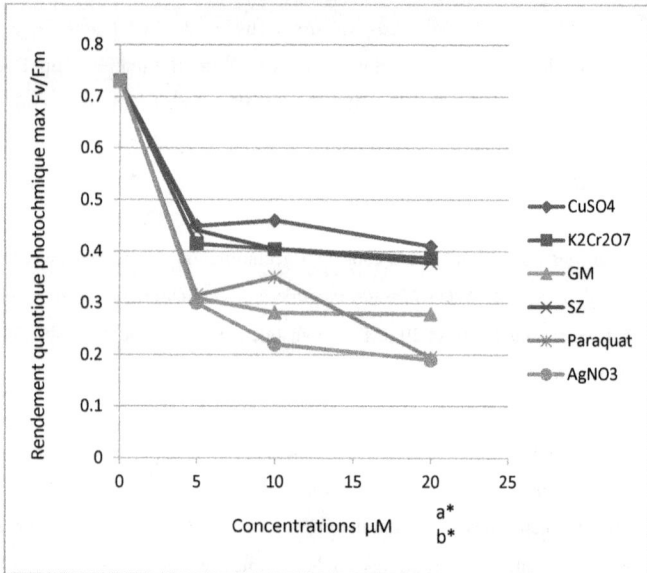

Figure A-1 Changement de rendement quantique photochimique maximale de *Chlorella vulgaris* en fonction des concentrations appliquées de 5, 10 et 20µM des différents contaminants.

a* - Les différences entre les valeurs sont trouvés importantes et les erreurs sont évalués insignifiants

b* Sur la figure présente la variation de Fv/Fm en présence de l'Atrazine n'est pas présentée, car sa concentration a été évaluée en µg/l, à la différence des autres xéno-biotiques, dont les concentrations sont en µM.

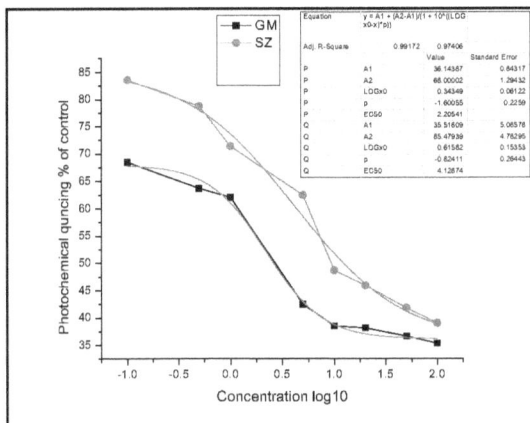

Equation		y = A1 + (A2-A1)/(1 + 10^((LOGx0-x)*p))	
Adj. R-Square		0.99172	0.97406
		Value	Standard Error
P	A1	36.14387	0.64317
P	A2	68.00002	1.29432
P	LOGx0	0.34349	0.06122
P	p	-1.60055	0.2259
P	EC50	2.20541	
Q	A1	35.51609	5.06578
Q	A2	85.47939	4.75295
Q	LOGx0	0.61562	0.15353
Q	p	-0.82411	0.29443
Q	EC50	4.12674	

Figure A-2 Comparaison des simulations sigmoïdales Dose-réponse obtenues pour le SZ et le GM afin de déterminer les valeurs de EC_{50}.

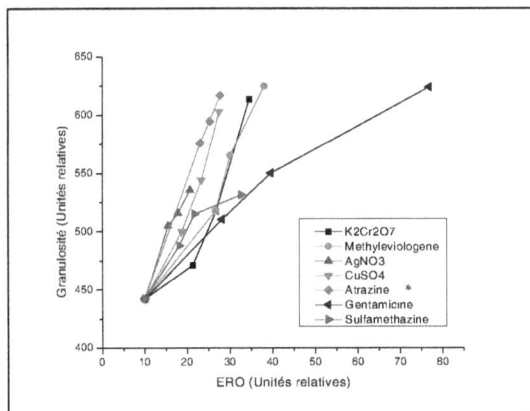

Figure A-3 Corrélation entre la granulosité et les ERO pour le contrôle et les trois concentrations considérées (5, 10 et 20µM) pour tous les contaminants examinés. La concentration d'Atrazine* étant toujours en µg/l.

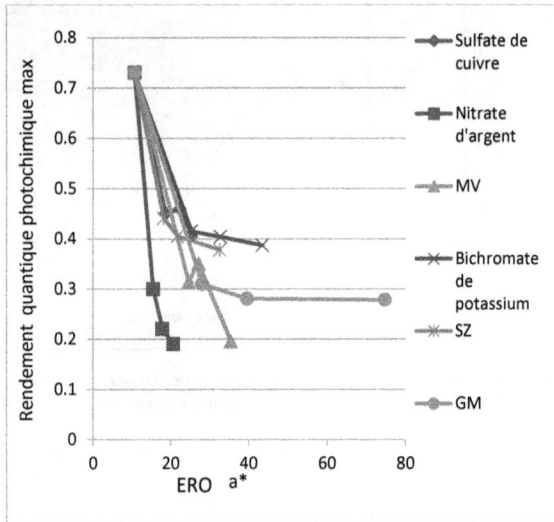

Figure A-4 Diminution de rendement quantique photochimique maximale de *Chlorella vulgaris* en fonction de la génération des ERO pour les concentrations appliquées de 5, 10 et 20µM des différents contaminants.*

a* Sur la figure présente la variation de Fv/Fm en présence de l'Atrazine n'ai pas présentée, car sa concentration a été évaluée en µg/l, à la différence des autres xéno-biotiques, dont les concentrations sont en µM.

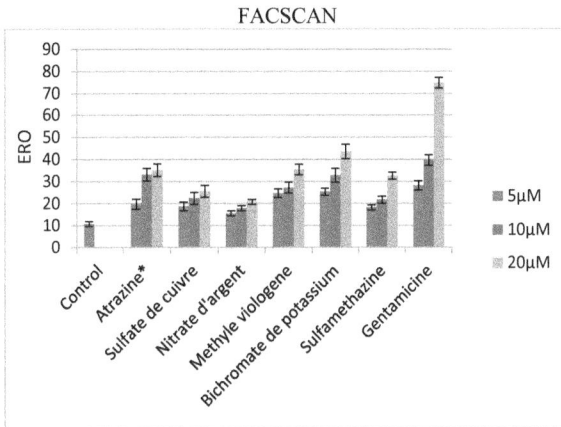

Figure A-5 Importance des ERO (U. a.) lors de contamination des algues avec des xéno-biotiques pendants 30 min. pour le contrôle et trois concentrations de 5, 10 et 20µM. Mesures faites sur FACSCAN. . La concentration d'Atrazine* étant toujours en µg/l.

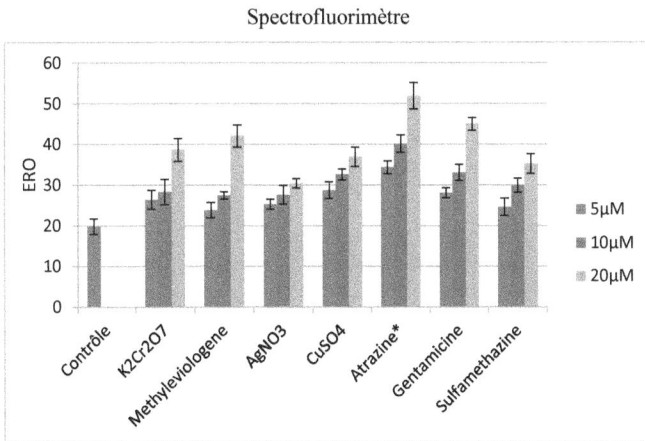

Figure A-6 Figure A-4 Importance des ERO (U. a.) lors de contamination des algues avec des xéno-biotiques pendants 30 min. pour le contrôle et trois concentrations de 5, 10 et 20µM. Mesures faites sur Spectrofluorimètre. La concentration d'Atrazine* étant toujours en µg/l

RÉFÉRENCES

Algaebase. 2004, Martin Ryan Institute, National University of Ireland, University Road, Galway, Irlande.

Amane, M., C. Miyake and A. Yokota. 2002 "Physiological Functions of the Water–Water Cycle (Mehler Reaction) and the Cyclic Electron Flow around PSI in Rice Leaves". *Plant Cell Physiology*, vol. 43(9) p.1017–1026

Ananieva, E.A., K.N. Christov et L.P. Popova. 2004, « Exogenous Treatment with Salicylic Acid Leads to Increased Antioxidant Capacity in Leaves of Barley Plants Exposed to Paraquat ». *Journal of Plant Physiology*, vol. 161(3) p.319-328.

Ananyev, G., L. Zaltsman, C. Vasko et G.C. Dismukes. 2001. « The Inorganic Biochemistry of Photosynthetic Oxygen Evolution/Water Oxidation ». *Biochim. Biophys. Acta Bioenerg.*,vol. 1503, p. 52-68.

Anjum, F., A. Wahid, F. Javed et M. Arshad. 2006. « Exchange and Yield Parameters of Bread Wheat (Triticum aestivum) Cultivars under Salinity and Heat Stresses », *International Journal of Agriculture & Biology*. ISSN Print 1560-8530

Anurag, K., N. Tirkey, S. Pilkhwal et K. Chopra. 2010. « Effect of Spirulina, a Blue Green Algae, on Gentamicin-induced Oxidative Stress and Renal Dysfunction in Rats » *Fundamental & clinical pharmacology*, vol.20, p.121-128.

Barrosa, M., E. Pintob, T. Sigaud-Kutnerc, K. Cardozoc, Dr. P. Colepicoloc. 2005. « Rhythmicity and Oxidative/Nitrosative Stress in Algae », *Biological Rhythm Research*, vol. 36, p. 67-82.

Buchanan, B., W. Gruissem, R. J. Jones. 2000. "Biochemistry & Molecular Biology of Plants"

Baumann, H.., L. Morrison et D. Stengel. 2009. « Metal Accumulation and Toxicity Measured by PAM-Chlorophyll Fluorescence in Seven Species of Marine Macroalgae », *Ecotoxicology and Environmental Safety,* vol. 72, p. 1063-1075.

118

Benjamin, R. 2006. « Fonctionnement de la photosynthèse », ‹ www.benjaminray.eu ›.

Bernier, A. 2007. « Cours de biologie I et II », *Collège universitaire de Saint-Boniface.*

Bi Fai, P., A. Grant et B. Rei. 2007. « Chlorophyll *a* Fluorescence as a Biomarker for Rapid Toxicity Assessment », *Environmental Toxicology and Chemistry*, vol. 26, p. 1520–1531.

Bin-yang, L., X. Nie, W. Liu, P. Snoeijs, C. Guan et M. Tsui. 2011. « Toxic Effects of Erythromycin, Ciprofloxacin and Sulfamethoxazole on Photosynthetic Apparatus in Selenastrum Capricornutum », *Ecotoxicol Environ.*, vol. 74, p.1027-1035.

Bonnot, F. 2010. Thèse de doctorat « Superoxyde réductase: Mécanisme de transfert d'électrons vers le site actif et rôle de la lysine 48 dans la catalyse » *Université Joseph Fourier*

Brack, W., et H. Frank. 1998. « Chlorophyll a Fluorescence: A Tool for the Investigation of Toxic Effects in the Photosynthetic Apparatus », *Ecotoxicology and Environment Safety*, vol. 40, p. 34-41.

Bradel, B., W. Preil et H. Jeske. 2000. « Remission of the Free-branching Pattern of Euphorbia Pulcherrima by Tetracycline Treatment », *J. Phytopathol*, vol.148, p.587–590.

Buchanan, B.B., 2000. « Biochemistry & Molecular biology of plants »

Calvin, M. et P. Massini 1952. « The Path of Carbon in Photosynthesis », *Experientia*, vol. 8, p. 445-457.

Campbell, N. A. 1995. « La Photosynthèse ». Dans *Biologie,* p. 199-220

Carbonnière, A. 2007. « Photosynthesis », Institut de recherche pour le développement, ‹ http://www.com.univ-mrs.fr/IRD ›.

Chandler, M.O. et A.F. Nagyet 1983. "Comparison of measured low-latitude ionospheric properties ", *Journal of geophysical research* vol. 88, p.148-227

Charpy L. et Blanchot J. 2008. « Biomasse et production phytoplanctonique » *Institut de recherche pour le développement*

Chalifoura, A., Ph. Spear, M. Boily, Ch. DeBlois, I. Giroux, N. Dassylva et Ph. Juneau (2010), « Assessment of Toxic Effects of Pesticide Extracts on Different Green Algal Species by Using Chlorophyll a Fluorescence » *Toxicological & Environmental Chemistry,* vol. 91, no 7 .

Chappelka, A., H. Samuelson et J. Lisa. 1998. "Ambient ozone effects on forest trees of the eastern United States": a review. *From New Phytologist,* vol.1391, p. 91-108

Choznacka, K., et F.C. Marquez-Rocha. 2004. « Kinetic and Stoichiometric Relationships of the Energy and Carbon Metabolism in the Culture of Microalgae », *Biotechnology,* vol.3 no 1 p.21-34.

Cornic, G. et A. Massacci. 1996. « Leaf Photosynthesis under Drought Stress », *Photosynthesis and the Environment,* vol.31 p. 347-366.

Dahai, Z. et J. Scandalios. 1994. « Differential Accumulation of Manganese-Superoxide Dismutase Transcripts in Maize in Response to Abscisic Acid and High Osmoticum'» *Plant Physiology,* vol. 106 p.173-178

David, J.C. et Grongenet J.F. 2001. « Les protéines de stress » Ecole Nationale Supérieure Agronomiques de Rennes, *INRA Production animale* vol. 14, no 1, p. 29-40

Dewez, D., N. Boucher, F. Bellemare et R. Popovic. 2007. « Use of Different Fluorometric Systems in the Determination of Fluorescence Parameters from Spinach Thylakoid Membranes Being Exposed to Atrazine and Copper Toxicological & *Environmental Chemistry,* vol. 89, no 4, p.328-335.

Dewez, D., M. Marchand, Ph. Eullaffroy et R. Popovic (2006), « Evaluation of the Effects of Diuron and Its Derivatives on Lemna Gibba Using a Fluorescence Toxicity Index », *Environmental Toxicology,* vol. 17, no 5, p. 493-501,

Ernani, T., C. S. Sigaud-Kutner, M. A. Leita et O. K. Okamoto. 2003. «Heavy Metal-Induced Oxidative Stress IN Algae», *Journal of Phycology,* vol. 39, no 6, p. 1008-1018.

Foske, J. K., E. Hofmann, B. Gobets, H. Ivo, M. van Stokkum, R. van Grondelle, K. Diederichs, and H. van Amerongen. 2000. "Forster Excitation Energy Transfer in Peridinin-Chlorophyll-*a*-Protein" *Biophysical Journal,* vol.78, p.344 –35

Foyer C., B. Halliwell. 1976. "The presence of glutathione and glutathione reductase in chloroplasts: proposed role in ascorbic acid metabolism" *Planta* 133 p. 21-25

French C., J. Smith, H. Virgin et R. Airth. 1995. « Fluorescence-spectrum curves of chlorophylls, pheophytins, phycoerythrins, phycocyanins and hypericin ». *Plant Physiology*, vol. 31, p.369 -374

Fridovich, L. (1986), « Superoxide dismutases ». *Adv. Enzymology*, vol. 58, p. 61-69.

Fuerst, E., et M. Norman. 1991. « Interactions of Herbicides with Photosynthetic Electron Transport ». *Weed Science*, vol. 39, p. 458-464.

Fukushima, T., K. Tanaka, H. Lim et M. Moriyama. 2002. « Mechanism of Cytotoxicity of Paraquat, *Environ Health Prev. Med.*, vol. 7, no 3, p. 89-94.

Geoffroy, L., D. Dewez, G. Vernet et R. Popovic. 2003. « Oxyfluorfen Toxic Effect on S. Obliquus Evaluated by Different Photosynthetic and Enzymatic Biomarkers ». *Arch. Environ. Toxicology*, vol. 45, p. 445-452.

Gershoni, J. et L. Ohad. 1980. « Chloroplast-cytoplasmic Inteltelations Involved in Chloroplast Developement in Chlamydomonas Reinhardii yI : Effect of Selective Depletion of Chloroplast Translate ». *J. Cell. Biol.*, vol. 86, p. 124-131.

Gérin, M., P. Gosselin, C. Viau, P. Quénel et E. Oewailly. 2003. "Environnement et santé publique". *Québec Edisem. Inc.*, p. 641-779.

Gilbin, R. 2006. Thèse en cotutelle « Caractérisation de l'exposition des écosystèmes aquatiques à des produits phytosanitaires : spéciation, biodisponibilité et toxicité. Exemple du cuivre dans les eaux de ruissellement de parcelles viticoles ». *Roujan, Hérault - France*

Govindjee, 1995. « Sixty-three Years Since Kautsky: Chlorophyll *a* Fluorescence ». *Aust. J. Plant. Physiol.*, vol. 22, p. 131-160.

Govindjee et R. Govindjee. 1974. « Primary Events ln Photosynthesis », *Scientific American*, vol. 231, p. 68-82.

Govindjee, R., T. Kambara et W. Coleman (1985), « The Electron Donor Side of Photosystem II: the Oxygen Evolving Complex ». *Photochem. Photobiol.*, vol. 42, p. 187-210.

Halling-Sørensen, B., H. Lützhøft, H. Andersen et F. Ingerslev. 2000. « Environmental Risk Assessment of Antibiotics: Comparison of Mecillinam, Trimethoprim and Ciprofloxacin ». *J. Antimicrob. Chemother*. vol. 46 p. 53-58.

Halling-Sørensen, B. 2000. « Algal Toxicity of Antibacterial Agents Used in Intensive Farming ». *Chemosphere* vol. 40, p. 731–739.

Halliwell, B. et M. Gutteridge. 1989. « Free Radicals in Biology and Medicine », 3e éd., New York, *Oxford University Press*, p. 936.

Hassler, Ch., V. Slaveykova et K. Wilkinson. 2004. « Discriminating Between Intra-and Extracellular Metals Using Chemical Extractions » *Limnol. Oceanogr. Methods* vol. 2, p. 237–247.

Hertwig, B. 1992. "Light dependence of catalase synthesis and degradation in leaves and the influence of interfering sress conditions ". *Plant physiol.*, vol. 100 p. 1547-1553.

Holten L., B. Halling-Sørensen et S. Jørgensenul. 1999. « Algal Toxicity of Antibacterial Agents Applied in Danish Fish Farming », *Arch. Environ. Contam. Toxicol.*, vol. 36, no1, p. 1-6.

Horemans, N., C.H. Foyer et H. Asard. 2000. « Transport and action of ascorbate at the plant plasma membrane ». *Trends Plant Scï.*, vol. 5, p. 263-267.

Horton et coll., *Principes de biochimie*, 1994.

Ibrahimovitch, V. et M. Shapira. 2000. « Glutathione Redox Potential Modulated by Reactive Oxygen Species Regulates Translation of Rubisco Large Subunit in the Chloroplast », *The Journal of Biological Chemistry*, vol. 275, n° 21, p. 16289–16295.

Inze, D. et M. Van Montagu. 2003. "Oxidatif stress in plants". *CRC Press Amazon*

Isidori, M., M. Lavorgna, A. Nardelli, L. Pascarella et A. Parrell. 2005. « Toxic and Genotoxic Evaluation of Six Antibiotics on Non-target Organisms ». *Science of the Total Environment*, vol. 346, p. 87-98.

Jamers, A., M. Lenjou, P. Deraedt, D. Van Bockstaele, R. Blust et W. de Coen. 2009. "Flow cytometric analysis of the cadmiumexposed green alga Chlamydomonas reinhardtii (Chlorophyceae)". *Europien journal of phycology*, vol. 44, no 4, p. 541-550

Jenner, P. and A. Neurol. 2003 "Oxydatif stress in Parkinson disease" *CRC Press Amazon*

Jian-Ming L, Li-Hua , X. Xub, L. Zhanga et Huan-Lin. 2010 "Chena Enhanced lipid production of Chlorella vulgaris by adjustment of cultivation conditions" *Bioresource Technology,* vol. 101, no 17, p. 6797–6804

Jaspard, E. 2005. « Photosynthesis ». *CRC Press Amazon*

Kuhad, A., N. Tirkey, S. Pilkhwal et K. Chopra. 2006. "Effect of Spirulina, blue green algae, on gentamicin-induced oxidative stress and renal dysfunction in rats." *Fundam. Clin. Pharmacol.,* vol. 20, no 2, p.121-128.

Karukstis, K., 1991. « Chlorophyll Fluorescence as a Physiological Probe of the Photosynthetic Apparatus ». *Chlorophyl Sheer, London, CRC Press*, p. 769-795,

Kasajima, I., et K. Takara. 2009. « Estimation of the Relative Sizes of Rate Constants for Chlorophyll De-excitation Processes Through Comparison of Inverse Fluorescence Intensities », *Plant and Cell physiology*, vol. 50, p. 1600-1616.

Kautsky, H. et A. Hirsch. 1931. « Neue Versuche zur Kohlensaureassimilation », *Naturwissensch.*, vol. 19, p. 964.

Kiang, J. et G. Tsokos 1998. "Heat shock proteins 70 kDa" *Molecular Biology, Biochemistry and Physiology Pharmacol.*, vol. 80, p. 183-201.

Klimov, V. et E. Dolan 1981. « Functions of pheophytin, plastoquinone, iron and carotenoids in plant photosystem 2 reaction centers ». *Biofizika*, vol. 26, p. 802-808.

Krause, G.H. et E. Weis 1991. « Chlorophyll Fluorescence and Photosynthesis: The Basics ». *Annu. Rev. Plant Physiol. Plant Mol. Biol.*, vol. 42, p. 313-349.

Krause, GH et E. Weis 1984. « Chlorophyl Fluorescence as a Tool in Plant Physiology II Interpretation of Fluorescence Signals », *Photosynthesis Research*, vol. 5, p. 139-57.

Laval-Martin et Mazliak 1995. « Physiologie végétale ».

Lazar, D. 1999. « Chlorophyll *a* fluorescence induction ». B*iochimica et biophysica acta*, vol. 1412 p. 1-28

123

Lazar, D. 2006. « The Polyphasic c Worophyll a Fluorescence Rise Measured Under High Intensity of Exciting Light ». *Funet. Plant Biol.*, vol. 33, p. 9-30.

Liu, F. et S. Pang. 2010. « Stress Tolerance and Antioxidant Enzymatic Activities in the Metabolisms of the Reactive Oxygen Species in two Intertidal Red Algae Grateloupia Turuturu and Palmaria Palmate ». *Journal of Experimental Marine Biology and Ecology*, vol. 382, p. 82-87.

Loll, B., J. Kern, W. Saenger, A. Zouni et J. Biesiadka. 2005. « Towards Completecofactor Arrangement in the 3.0A ° Resolution Structure of Photosystem II ». *Nature,* vol. 438 p.1040-1044.

Marshall, J.A., M. Salas, T. Oda et G. Hallegraeff. 2010. « Superoxide Production by Marine Microalgae: I. Survey of 37 Species from 6 Classes », *Marine Biology: International Journal on Life in Oceans and Coastal Waters*, vol. 147, (2) p. 533-540.

Maxwell, K. et G. Johnson. 2000. « Chlorophyll Fluorescence – a Practical Guide », *Journal of Experimental Botany* vol. 51, p. 659-668.

Moreau F. et R. Prat. 2009. « La photosynthèse » *Biologie et Multimédia - Université Pierre et Marie Curie - UFR de Biologie »*

Ouzounidou, G., M. Moustakas et R. Lannoye. 1995. « Chlorophyll Fluorescence and Photoacoustic Characteristics in Relation to Changes in Chlorophyll and Ca2+ Content of a Cu-tolerant Si/ene Compacta Ecotype under Cu Treatment», *Physiol. Plant.*, vol. 93, p.551-557.

Prat, R. 2012. « La photosynthèse ». *Biologie et Multimédia, Université Pierre et Marie Curie.*

Qian, H., W. Chen , L. Sun, Y. Jin, W. Liu et Z. Fu. 2009. « Inhibitory Effects of Paraquat on Photosynthesis and the Response to Oxidative Stress in Chlorella vulgaris ». *Ecotoxicology*, vol.18, no 5, p. 237-43.

Qu, C., Z. Wu et X. Shi. 2008. « Phosphate Assimilation by Chlorella and Adjustment of Phosphateconcentration in Basal Medium for its Cultivation », *Biotechnol. Lett.*, vol. 30, p.1735-1740.

Raman, M. 2006. "Introduction to the flow cytometry". *CRC Press Amazon*

Rabinovitch, E.I. 1956. « Photosynthesis and Related Processes ». *Interscience publishers, Inc., New York,* vol. II, Part 2.

Reis, M., O. Necchi Jr., P. Colepicolo et M. Barros. 2011. « Co-stressors Chilling and High Light Increase Photooxidative Stress in Diuron-treated Red Alga Kappaphycus Alvarezii but with Lower Involvement of H_2O_{2-} », *Pesticide Biochemistry and Physiology*, vol. 99, p. 7-15.

Saison C., F. Perreault, J. Daigle, C. Fortinc, J. Claverie, M. Morin et R. Popovic 2010. « Effect of core–shell copper oxide nanoparticles on cell culture morphology and photosynthesis (photosystem II energy distribution) in the green alga, Chlamydomonas reinhardtii » *Aquatic Toxicology,* vol. 96, p. 109–114

Shanker, A. 2005. "Chromium toxicity plants" *Environment international,* vol. 31, p.739-753

Shapiro, H.M. 1995. "Practical Flow Cytometry". *New York: Wiley-Liss In..*

Shreiber, U., W. Bilger. 1987. "Rapid assessment of stress effects on plant leaves by chlorophyll fluorescent measurements" In: *Plant Response to Stress*, vol. G15, p. 27–53.

Shioi, 1978. "Effct of copper on photosynthetic electron transport system in spinach chloroplasts" *Plant Cell. Physiol.*, vol. 19, p.203-209

Stoeva, N. et T. Bineva. 2003. « Oxidative Changes and Photosynthesis in Oat Plants Grown in as Contaminated Soil », *Bulg. 1. Plant Physiol.*, vol. 29, p. 87-95.

Strasser, R. et Govindjee. 1991. « The Fo and O-J-I-P Fluorescence Rise in Higher Plants and Algae », *Regulation of Chloroplast Biogenesis*, New York: Plenum Press, p. 423-426.

Strasser, R., A. Srivastava et Govindjee (1995), « Polyphasic Chlorophyll a Fluorescence Transient in Plants and Cyanobacteria », *Photobiochem. Photobiophys.*, vol. 61, p. 32-42.

Sunda, W.. et Susan A. Huntsman (1998), « Interactions among Cu^{2+}, Zn^{2+}, and Mn^{2+} in Controlling Cellular Mn, Zn, and Growth Rate in the Coastal Alga Chlamydomonas », *Limnol. Oceangr.*, vol. 43(6), p. 1055-1064.

Toth, S.., G. Schansker et R.J. Strasser. 2005. « In Intact Leaves, the Maximum Fluorescence Level (FM) is Independent of the Redox State of the Plastoquinone Pool: A DCMU-inhibition Study», *Biochimica et Biophysica Acta* vol. 1708 p. 275-282.

Van der Grinten, E., M. Pikkemaat, E. Van der Brandhof, G. Stroomberg et M. Kraak 2010. « Comparing the Sensitivity of Algal, Cyanobacterial and Bacterial Bioassays to Different Groups of Antibiotics », *Chmosphere* vol. 80 no 1, p.1-6.

Veal, D.A, Deere, D., Ferrari, B., Piper J. & Atfield, P.V. 2000. "Fluorescence staining and flow cyotometry for monitorimg microbial cells". *J. Imminol. Methods*, vol. 243 p. 191-210

Vincent, M. 2006. « Études des effets toxiques des ions métalliques de cadmium sur la formation et l'activité des photosystèmes chez l'algue unicellulaire *Vlamidomonas reinhardti* » thèse présentée Comme exigence partielle de la maîtrise en chimie - *UQÀM*

Vranova, E., D. Inzé et F. Van Breusegem. 2002. « Signal Transduction During Oxidative Stress », *J. Exp. Bot.*, vol. 53, no 372, p.1227-1236.

Wahid, A. 2006. "Influence of atmospheric pollutants on agriculture in developping countries: a case study with three new wheat varieties in pakistan". *Sei. Total Environ.*, vol. 371, p. 304-313.

Weiss, E. et J. A. Berry 1987. « Quantum efficiency of photosystem II in relation to energy dependent quenching of chlorophyll fluorescence ». *Biochim. Biophys. Acta*, vol. 894, p. 198-208.

www.ingramcontent.com/pod-product-compliance
Lightning Source LLC
Chambersburg PA
CBHW021103210326
41598CB00016B/1309